国家职业技能等级认定培训教材
国家基本职业培训包教材资源

美甲师

（初级）

人力资源社会保障部教材办公室　组织编写

中国人力资源和社会保障出版集团

中国劳动社会保障出版社　中国人事出版社

图书在版编目（CIP）数据

美甲师：初级 / 人力资源社会保障部教材办公室组织编写. -- 北京：中国劳动社会保障出版社：中国人事出版社，2020
国家职业技能等级认定培训教材
ISBN 978-7-5167-4191-7

Ⅰ.①美… Ⅱ.①人… Ⅲ.①指（趾）甲-化妆-技术培训-教材 Ⅳ.①TS974.15

中国版本图书馆CIP数据核字（2020）第 024016 号

中国劳动社会保障出版社
中国人事出版社　出版发行

（北京市惠新东街1号　邮政编码：100029）

*

北京市白帆印务有限公司印刷装订　　新华书店经销

787毫米×1092毫米　16开本　9.5印张　142千字
2020年6月第1版　2025年1月第7次印刷
定价：28.00元

营销中心电话：400-606-6496
出版社网址：http://www.class.com.cn

版权专有　　侵权必究

如有印装差错，请与本社联系调换：(010) 81211666
我社将与版权执法机关配合，大力打击盗印、销售和使用盗版图书活动，敬请广大读者协助举报，经查实将给予举报者奖励。
举报电话：(010) 64954652

编审委员会

主　任　李　安

副主任　陈　光　田　凤　黄　端　潘　旭　陶秀兰　曹永新
　　　　　段乐乐

委　员　何　青　邬　芳　刘　琦　李晓军　王青青　顾炜恩
　　　　　单丽霞　王　岑　欧玫利　师　鹰　田丽丽　杨竣雯
　　　　　金　迪　马晓敏　姜春淼　李升宝　范　亮　杨龙凤
　　　　　刘力菱　刘　娜　郭毛毛　徐　巍　鲁调娟　周建伟
　　　　　高　源　许文娇　徐　颖　王薪雨　刘金平　林　木
　　　　　孟　红　曹奕非韩　陈　云　艾春霞　张金玉
　　　　　陆玲芬　田赛男　董　丹　李燕庆　徐海玲　潘春娜
　　　　　邱小燕　孙晓琦　陆柳萍　张旭丹　陈慧芳　高小雪
　　　　　吴近希　江平利　肖　杰　穆大炜　李　峰　雪　莉
　　　　　郭景海　公茂兰　郭晓娟　王良娟　郑伟英　王新萍
　　　　　廖理清　段　卓　张　博　王宁豫　杨青波　张爱梅
　　　　　陈思茹　施　爽　张黎霞　刘远莹　田雨晨　方爱娜

编 审 人 员

主　编 李　安

副主编 杨竣雯　马晓敏　金　迪　田丽丽　廖理清

特约专家 王季顺　陈慧芳　肖　杰　毛明华

审　稿 徐　颖　郭景海　姜春淼　欧玟利　张旭丹
　　　　　范　亮　林　木　刘　娜　田赛男　陆玲芬
　　　　　李燕庆　曹奕非韩　顾炜恩　单丽霞
　　　　　刘力菱　王　岑　张黎霞　潘春娜　邱小燕
　　　　　董　丹　孙晓琦　吴近希　李升宝

前　言

为加快建立劳动者终身职业技能培训制度，大力实施职业技能提升行动，全面推行职业技能等级制度，推进技能人才评价制度改革，促进国家基本职业培训包制度与职业技能等级认定制度的有效衔接，进一步规范培训管理，提高培训质量，人力资源社会保障部教材办公室组织有关专家在《美甲师国家职业技能标准》（以下简称《标准》）和国家基本职业培训包（以下简称培训包）制定工作基础上，编写了美甲师国家职业技能等级认定培训系列教材（以下简称等级教材）。

美甲师等级教材紧贴《标准》和培训包要求编写，内容上突出职业能力优先的编写原则，结构上按照职业功能模块分级别编写。该等级教材共包括《美甲师（基础知识）》《美甲师（初级）》《美甲师（中级）》《美甲师（高级）》《美甲师（技师　高级技师）》5本。《美甲师（基础知识）》是各级别美甲师均需掌握的基础知识，其他各级别教材内容分别包括各级别美甲师应掌握的理论知识和操作技能。

本书是美甲师等级教材中的一本，是职业技能等级认定推荐教材，也是职业技能等级认定题库开发的重要依据，已纳入国家基本职业培训包教材资源，适用于职业技能等级认定培训和中短期职业技能培训。

本书在编写过程中得到中国玉指美甲艺术学会、北京李安玉指美甲艺术职业技能培训学校、上海惠而顺精密工具有限公司、天美国际、亚洲美甲、广州北鸥化妆品有限公司、广州绿越化工有限公司、天津七琪美甲用品有限公司等单位的大力支持与协助，在此一并表示衷心感谢。

人力资源社会保障部教材办公室

目 录

职业模块 1　接待咨询 …………………………………… 001
　培训项目 1　接待 ………………………………………… 003
　培训项目 2　咨询 ………………………………………… 007

职业模块 2　自然指甲的修饰与护理 …………………… 011
　培训项目 1　自然指甲修饰 ……………………………… 013
　培训项目 2　自然指甲护理 ……………………………… 020
　培训项目 3　甲油胶的使用方法 ………………………… 031

职业模块 3　手、足部养护 ……………………………… 037
　培训项目 1　手部皮肤养护 ……………………………… 039
　培训项目 2　足部皮肤养护 ……………………………… 050

职业模块 4　人造指甲的制作和卸除 …………………… 063
　培训项目 1　贴片甲的制作 ……………………………… 065
　培训项目 2　贴片甲的物理卸除 ………………………… 076
　培训项目 3　化学卸甲 …………………………………… 094

职业模块 5　装饰指甲 …………………………………… 099
　培训项目 1　彩妆指甲 …………………………………… 101
　培训项目 2　手绘指甲 …………………………………… 121
　培训项目 3　甲油胶彩绘 ………………………………… 138

职业模块 ①
接待咨询

内容结构图

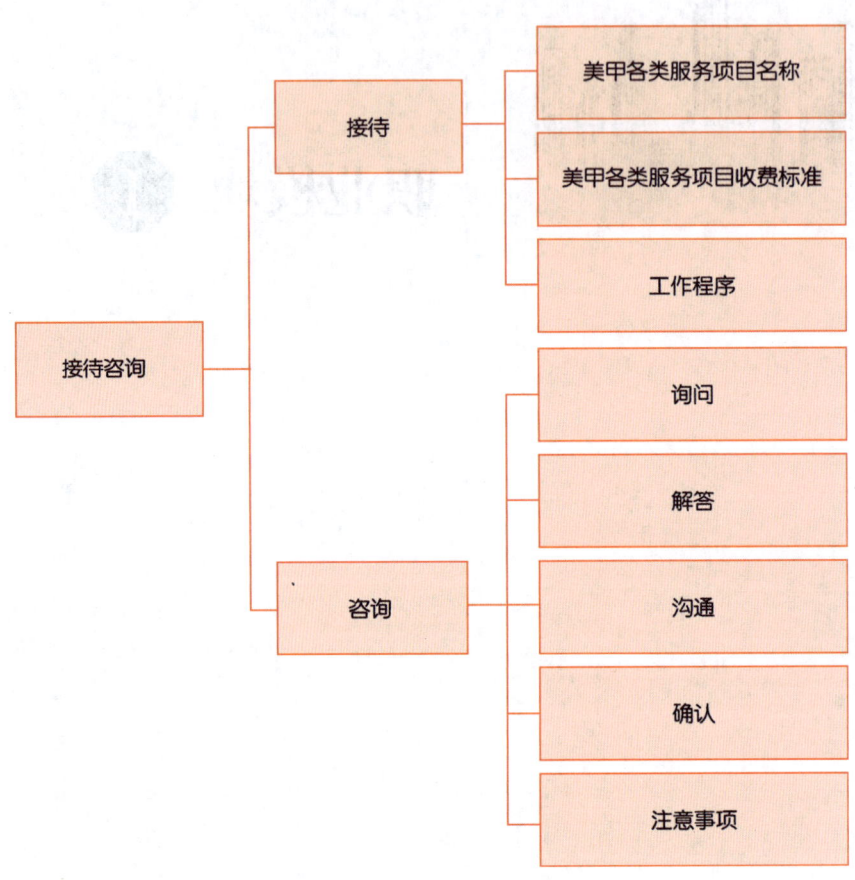

培训项目 1　接　待

一、美甲各类服务项目名称

1. 手、足部基础护理

（1）自然指甲①基本护理。

（2）标准手、足护理。

（3）手、足部美白护理。

（4）手、足部干裂护理。

2. 彩妆甲制作

（1）手、足部法式修甲。

（2）甲油胶彩绘指甲。

（3）颜料手绘指甲。

（4）喷绘指甲。

（5）装饰彩线、贴花。

（6）镶嵌各式钻石、吊饰、装饰物品。

（7）数码转印。

3. 贴片甲制作

（1）全贴贴片指甲。

（2）半贴贴片指甲。

---

① 本书中"指甲"均指代"指（趾）甲"。

（3）各种贴片指甲的卸除。

4. 粉胶甲制作

（1）粉胶指甲。

（2）法式浅贴贴片粉胶指甲。

（3）各种粉胶指甲的卸除。

5. 水晶甲制作

（1）半贴贴片水晶指甲。

（2）法式浅贴贴片水晶指甲。

（3）单色水晶指甲。

（4）法式水晶指甲。

（5）国际标准法式水晶指甲。

（6）彩色水晶指甲。

（7）内雕水晶指甲。

（8）外雕水晶指甲。

（9）时尚创意复合水晶指甲。

（10）各种水晶指甲的修补。

（11）各种水晶指甲的卸除。

6. 光效凝胶甲制作

（1）法式浅贴贴片光效凝胶指甲。

（2）单色光效凝胶指甲。

（3）法式光效凝胶指甲。

（4）彩色光效凝胶指甲。

（5）内雕光效凝胶指甲。

（6）时尚创意复合光效凝胶指甲。

（7）各种光效凝胶指甲的修补。

（8）各种光效凝胶指甲的卸除。

7. 问题指甲的处理及美化

（1）残指甲修复。

（2）畸形指甲矫正。

（3）灰指甲处理及美化。

（4）霉变指甲消毒及处理。

二、美甲各类服务项目收费标准

由于全国各地的物价水平不同，所以，美甲各类服务项目的收费标准应当根据当地实际情况灵活制定。

三、工作程序

接待顾客是一门学问，友好、热情、周到的接待，决定着顾客对美甲店的最初印象，是重要的初始环节。

1. 接待新顾客

（1）迎宾。由迎宾人员面带微笑地在大门口主动为顾客开门，或站立在柜台前迎接。

（2）问候。目光亲切地注视顾客的眼睛，说出温暖的问候语，如："您好，欢迎光临"等。征得顾客同意后，帮助拎拿顾客手中的物品（如购物袋等），并主动帮顾客挂外衣、围巾等物品。

（3）观察。观察顾客的衣着、神态、妆容和年龄等方面的特征，确定其消费类型。如稳重型消费者追求实惠，时尚型消费者追求新颖，表现型消费者酷爱模仿，品牌型消费者追求名牌。

（4）沟通。请顾客坐下，并为其送上一杯温水。了解顾客是否住在附近，是否独自驾驶，以及顾客的工作环境、职位、经常出入的场合、美甲的目的。

（5）介绍。主动递上价目表或图片册，了解顾客的一些情况，根据观察和了解到的信息，为顾客介绍适合的美甲服务项目和收费标准，并为顾客推荐适合的美甲师为其服务。

（6）安置。引导顾客坐在接受服务的位置上，并将顾客的要求准确地告诉为其服务的美甲师，请美甲师开始服务。

2. 接待老顾客

（1）做好每天的工作计划，准备好老顾客名单和预约时间表。

（2）不要迟到，如果因为某种原因会晚到，一定要事先打电话通知顾客。

（3）如果因为顾客太多，当天做不完或有的顾客有急事不能久等，应请同事为其服务或重新预约时间。

（4）不要在顾客面前谈论过多的个人问题，尤其是有关隐私的问题，也不要谈论其他的顾客。

（5）不要和老顾客开过分的玩笑，不要叫老顾客的外号。

（6）经常向顾客传播美甲文化，与老顾客多谈谈美甲服务及最新的国内、国际美甲方面的资讯，听听她们的看法，了解她们的需要，这对提高自身服务素质及技术能力都很有帮助。

3. 注意事项

（1）美甲师面对顾客时应保持微笑。微笑是一种国际礼仪，它体现了人类最真诚的相互尊重与亲近。微笑也是最基本的礼仪，可以打破紧张局面，自然地表露友好、热情与关切，显示以顾客为中心的态度，消除新顾客首次来访的不安，并且给老顾客一种宾至如归的感觉。美甲师为了做得更好，应该在镜子前多多练习。

（2）顾客坐下时，美甲师也要坐姿端正，集中精神，不要看手机，不要接听电话。此时，顾客开始体验你的服务并观察你的职业素质。

（3）在没有征得顾客同意之前，不要将顾客随身物品挪放到其他地方。

培训项目 2 咨询

一、询问

了解顾客的美甲情节和经历,以及对美甲服务的要求,以便向顾客推荐适合的服务项目。例如,您经常美甲吗?您平时是怎样保护自己的手呢?您平常在什么情况下会想到美甲?您周围的朋友有喜欢美甲的人吗?您的男朋友喜欢您留指甲吗?您对留指甲的人有什么看法吗?您喜欢长一点的指甲还是短一点的指甲?您喜欢什么形状的指甲前缘?

二、解答

以职业化的态度接听顾客的电话、接待来访者,准确回答顾客提出的各种问题,并应做到以下几点。

1. 态度和蔼可亲,语速保持中速,吐字清晰。
2. 认真倾听顾客的提问,回答应条理清晰,详细明了。
3. 对于咨询内容过于复杂的顾客,不应有反感情绪,要耐心倾听。

以下为美甲师在工作中常遇到的顾客提问。

【例1】问:我的自然指甲很短,能美甲吗?

答:很多人认为美甲就是做长指甲,画花指甲或长指甲的人才能接受美甲服务。其实美甲的主要任务首先就是保养和维护自然指甲，接下来才是美化指甲，所以无论指甲长短都应该接受指甲保养护理服务。短指甲被修整得圆润整齐，配上淡淡的甲油是非常干净漂亮的。

【例2】问：我的脚上有很多鸡眼，指甲往肉里长（嵌甲），你们能解决吗？

答：美甲师不能代替修脚技师。美甲师的主要职能是美化护理手、足指甲，修脚技师是帮助顾客解决一些脚部疾患（如鸡眼、嵌甲等），两者所用的工具和掌握的技术是不一样的。若顾客的问题只有修脚技师才能解决的话，美甲师不要盲目处理，以免发生危险。

【例3】问：做过水晶甲卸除后，自然指甲为什么变得又薄又软了，是不是指甲被损伤了？

答：指甲板的健康体现为强度和柔韧性的结合，柔韧性应归于水分，指甲板内不断上升的水分含量将会提高它的柔韧性，水分的不断涨落使它们从指甲床中向上流入指甲板，一旦水分到了指甲板的表面，它们就会被蒸发掉。但是，当指甲板被做上水晶甲后，部分水分就被锁在甲板中无法蒸发，造成甲板中水分过多，过多的水会导致指甲变软。同样，多余的水分会使指甲膨胀，而指甲板的软化和膨胀会引起表皮脱离。所以指甲就变得又软又薄了，但这只是表面的、暂时的现象，并不是自然指甲真的受伤了，过3个月左右，你的指甲就会恢复成以前的样子。

【例4】问：做水晶甲会对人体有害吗？

答：很多人认为美甲产品属于化学产品，所以对人体就一定有害，这种认知是片面的。美甲产品属于化妆品范围，所有的化妆品都属于化学产品，是产品就存在质量低劣和质量优良、低档的和中高档的区别，质量优良的中高档产品对人体不会产生危害。

我们的产品质量优良、技术操作规范科学，请您放心体验。

（当然，你必须要保证你的产品质量和技术水平真是物有所值，否则你不能自圆其说）

【例5】问：我觉得手护理没有明显作用，不想做了。

答：很多人对护理抱有不切实际的希望，总想在极短的时间内让双手恢复青春柔嫩。美甲师应该正确引导顾客，护理有效果是需要一定时间的，给自己一点坚持和时间才能见效明显（约6个月），还应当明白一点，就是手护理并不是"回春不老药"，它的作用是改善皮肤、延缓衰老，并不能阻止衰老，所以，让顾客在坚持半年手护理之后，去和她同年龄层的没有做过护理的朋友相比，她们就会相信你的话了。

【例6】问：冬天有必要做脚护理吗？

答：人体露出（或准备露出）的部分总是受到保护，隐藏的部分就没有那么好的待遇了，这种观念要改变。护理是不受季节约束的，每个季节都有相对应的护理项目，如春夏季紫外线较强，皮肤水分流失大，应注重补水、舒缓；秋冬季干燥应注重滋润、修护。如果想来年夏季"惊艳一足"，冬季就应做好铺垫，不要到夏季临时抱佛脚，所以说冬季做脚护理是有必要的。

【例7】问：我的手这么难看，没有什么可做的。

答：大多数女人都没有因为长得不像美女明星而放弃修饰自己，所以对于手也是一样。修饰是爱自己、爱别人的一种方式，对美的追求是无法阻止的。您的指甲可能不够饱满、修长，但它可以被修整得干净整洁；您的手部皮肤可能不够柔嫩，护理能使它恢复靓丽，各种漂亮的水晶甲使您有更意外的收获。美手带给您变化，让您感到自信，自信的女人总是最美的。

【例8】问：指甲上镶钻、画花儿，对我来说太夸张了吧？

答：可能有些人被美甲宣传照片误导了。一说往指甲上画花儿，就想到花花绿绿的指甲。告诉顾客：美甲分为实用型、观赏型、表演型，那些比较夸张的设计是艺术作品，您可以在特殊场合佩戴。平时在一只手上选择了2～3个手指画一些很简单的小花，是一种精致的点缀（最好有图片），你最好帮她免费画1个，她以后就会接受了。

三、沟通

就顾客感兴趣的服务进行深入讲解。通过顾客对以下问题的答复，进一步把握该顾客的性格特征，从而为她制订合适的美甲设计方案。

请问您最喜欢什么形状的指甲前缘？

请问您今晚穿什么颜色的礼服？

请问您最喜欢什么颜色的指甲油？

请问您有特别需要表现的设计思想吗？

请问您是要去参加有特别纪念意义的活动吗？

四、确认

明确提出服务方案和服务价格，通过顾客对以下问题的答复，确认顾客是否认同。

请问您对这个服务方案还有什么意见吗？

这是全部费用，您准备以什么方式付款？

请确认这次您要求的服务项目和费用。

五、注意事项

1. 咨询服务开始前要准备一支质量优良的签字笔做记录，不要临时找笔和纸，这样既耽误了时间，又给顾客留下了工作没有条理的坏印象。

2. 认真记录顾客的愿望和要求，使顾客感到她的诉求得到重视。

3. 与顾客沟通后，不仅要了解顾客的需要，还要确认顾客是否认同所提供的服务价格。避免出现顾客在付款时，由于误解而造成无能力支付的尴尬局面。

职业模块 ② 自然指甲的修饰与护理

内容结构图

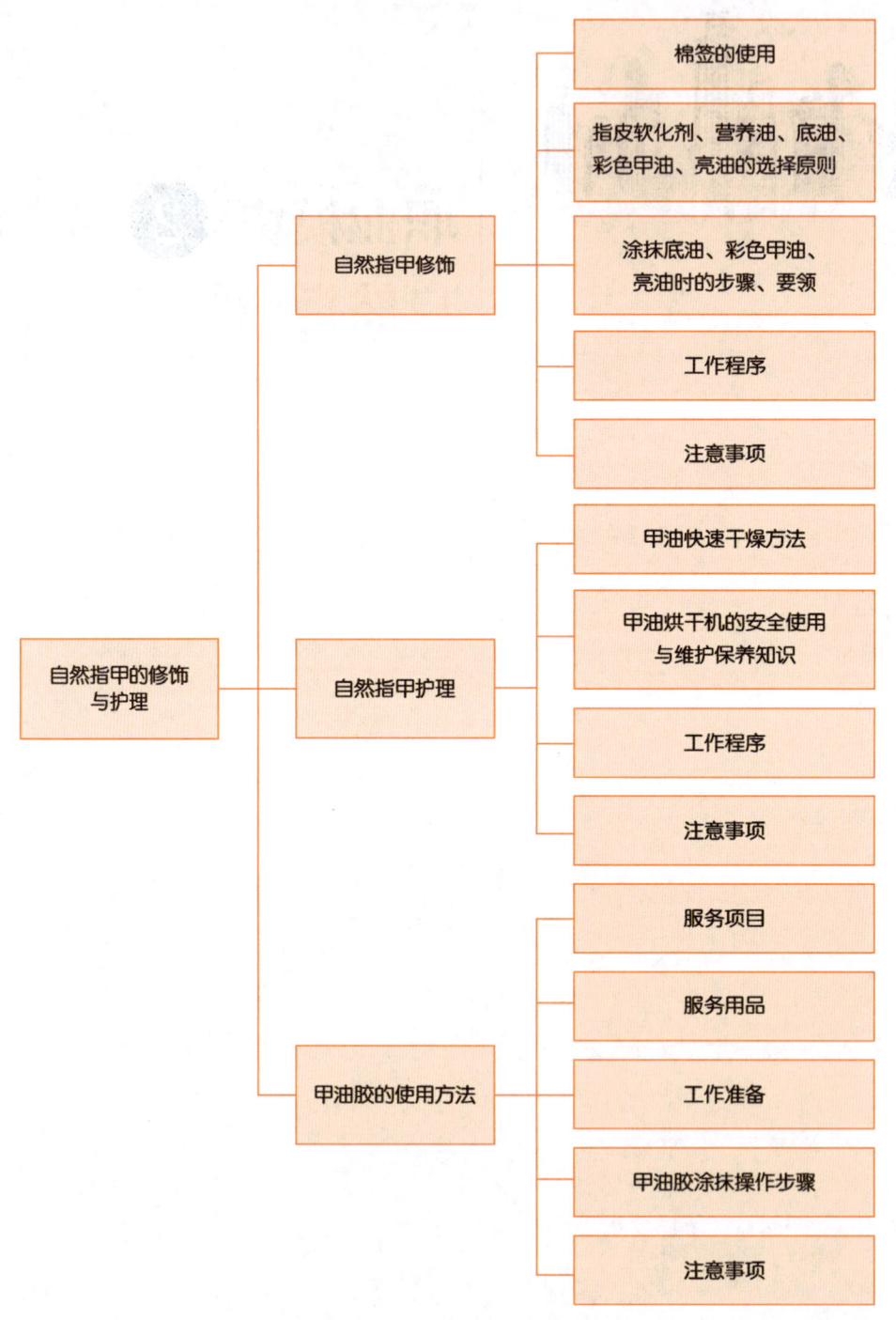

培训项目 1 自然指甲修饰

一、棉签的使用

棉签（swab）可用于涂抹洗甲水、指皮软化剂（cuticle softener）、油剂和霜剂，还可用于清洁指甲前缘的下端，以及在涂抹甲油后清理多余的甲油。棉签是美甲服务中最常用的工具。

二、指皮软化剂、营养油、底油、彩色甲油、亮油的选择原则

1. 指皮软化剂的选择原则

指皮软化剂有软化、疏松指皮的作用。应根据皮肤的含水量选择 pH 值为 9~10（碱性）、气味纯正的优质产品。

2. 营养油的选择原则

营养油有营养、滋润指甲后缘、防止后缘干裂的作用。应选择液体清澄透明、无浑浊物、气味纯正、滋润性佳的优质产品。

3. 底油的选择原则

底油的作用是增强彩色甲油的附着力，保护自然甲。应选择涂抹后光泽度高、质地细腻、不易脱落的优质产品。

4. 彩色甲油的选择原则

应选择黏稠度适中、光泽度高、质地细腻、易干的优质产品。选择彩色甲

油时，根据季节特点，顾客的肤色、服装的款式、颜色、图案来决定，最重要的还是征求顾客的意见，以顾客的喜好为主。

    5. 亮油的选择原则

亮油的作用是保护彩色甲油，使其保持光泽。应选择黏稠度适中、光泽度高、气味纯正、易干的优质产品。

三、涂抹底油、彩色甲油、亮油时的步骤、要领

1. 总是从左手小指开始涂起。
2. 总是先均匀地涂一层底油，以便彩色甲油附着在指甲上。
3. 彩色甲油用量要足，以防在指甲上留下深浅不一的痕迹。
4. 总是从指皮附近（距离 0.8 mm 处）开始涂起，不能涂在指皮上。
5. 为了防止产生气泡，涂的时候，每一笔要长而均匀，从指甲后缘直至指尖。
6. 涂指甲油的步骤：在十指指甲上先涂一层底油，然后再涂两层彩色甲油，最后涂一层亮油。

四、工作程序

    1. 制作棉签

（1）服务项目

制作棉签，时间 15 s。

（2）服务用品

浓度 75% 的酒精、棉花、棉花容器、橘木棒、废物袋。

（3）准备步骤

1）准备好已消毒的工具和用品。

2）清洁自己的双手。

（4）操作步骤

1）用浓度 75% 的酒精消毒双手。

2）将橘木棒插入棉花中，转动橘木棒从容器中取出一些棉花。

3）将棉花包裹在橘木棒的一端。

4）将裹有棉花的一端在拇指和食指间转动。

5）停止转动，将棉花裹紧。

6）棉签用完后，用小镊子将棉花从橘木棒上拉下，放入废物袋。

2. **指皮软化剂、营养油的涂抹方法**

（1）涂抹指皮软化剂。指皮软化剂用于软化指甲后缘和甲沟周围的硬化指皮，使用的时候可以用棉签蘸取后，涂抹在指皮上，也可以使用专用小毛刷涂抹。

（2）涂抹营养油。营养油用于营养、滋润指甲周围的皮肤，有助于去除破裂的自然指甲和打磨水晶指甲，使用的时候，用专用小毛刷涂抹于指甲周围，轻轻按摩十指直到吸收。

3. **底油、彩色甲油、亮油的涂抹方法**

（1）把指甲油刷的笔端全部浸入甲油瓶子中，浸满甲油。

（2）把指甲油刷在甲油瓶口离自己较远的一端舔一下，让少量甲油在笔端聚成滴状。

（3）将顾客的 10 个手指指甲前端边缘用甲油包裹一下。

（4）再次将指甲油刷的笔端浸满甲油后舔笔，让适量甲油在笔端聚成滴状（见图 2—1）。

图 2—1 舔笔、聚滴

如果顾客的指甲较长，舔刷的时候用力要轻柔些；如果顾客的指甲较短，用力则要重些，因为这时甲油用量较少。

（5）涂指甲油分以下三步。

第一步，涂指甲的中间，从离指甲后缘指皮 0.8 mm 处至指尖（见图 2—2）。

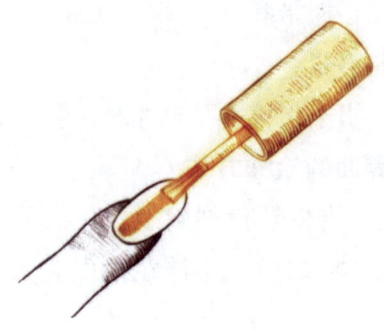

图 2—2　涂指甲的中间

第二步，涂指甲的左边，从离指甲后缘指皮 0.8 mm 处至指尖（见图 2—3）。

图 2—3　涂指甲的左边

第三步，涂指甲的右边，从离指甲后缘指皮 0.8 mm 处至指尖（见图 2—4）。

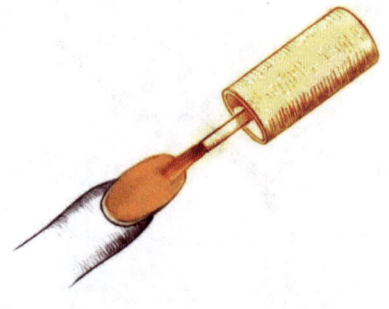

图 2—4　涂指甲的右边

如果顾客的指甲较长，涂甲油的时候应从指甲的中间开始分两段涂抹。如果顾客的指甲很宽，可在指甲的左右两边空出狭窄的一条缝隙，不涂甲油，这样可以产生视觉上的最佳效果，使顾客的宽指甲显得窄一些。

（6）用蘸有洗甲水的棉签清除残留在甲沟内的甲油（见图2—5）。

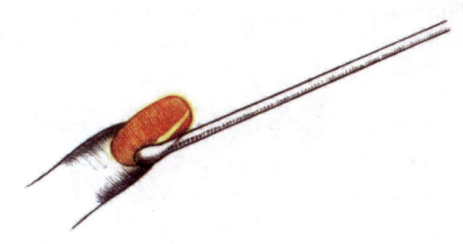

图2—5　清洁甲沟

（7）把用过的棉签放入废物袋。

4．使用棉花清除指甲油

（1）服务项目

使用棉花清除指甲油，时间5 min。

（2）服务用品

浓度75%的酒精、棉花、棉花容器、洗甲水、废物袋。

（3）工作准备

1）消毒工作台。

2）从消毒柜中取出干净的毛巾铺在工作台上，另卷起一块毛巾或用固定垫枕垫在毛巾下顾客的手腕处。

3）准备好已消毒的工具和用品。

4）清洁自己和顾客的双手。

5）总是从左手到右手，从每只手的小指开始工作。

（4）操作步骤

1）用浓度75%的酒精给自己和顾客的双手消毒。

2）将浸透洗甲水的棉花按在顾客的指甲表面保持5 s。

3）在保持轻微压力的同时，从指甲后部向指甲前缘方向擦拭。

4）如果需要，可用棉花蘸取洗甲水清洁指甲甲沟、甲壁、指皮后缘和指甲前缘下方的残留甲油。

5）将使用过的棉花放入废物袋。

6）在10个手指上重复步骤2）～5）。

5. 使用棉签清除指甲油

（1）服务项目

使用棉签清除指甲油，时间 5 min。

（2）服务用品

浓度 75% 的酒精、橘木棒、棉花、棉花容器、洗甲水、废物袋。

（3）工作准备

1）消毒工作台。

2）从消毒柜中取出干净的毛巾铺在工作台上，另卷起一块毛巾或用固定垫枕垫在毛巾下顾客的手腕处。

3）准备好已消毒的工具和用品。

4）清洁自己和顾客的双手。

5）总是从左手到右手，从每只手的小指开始工作。

（4）操作步骤

1）用浓度 75% 的酒精给自己和顾客的双手消毒。

2）用橘木棒制作棉签，把包有棉花的一端浸透洗甲水。

3）用握铅笔的方式握住棉签，使之与指甲表面成 45° 角，从指甲后缘到指甲前缘的方向来回擦拭指甲表面（见图 2—6）。

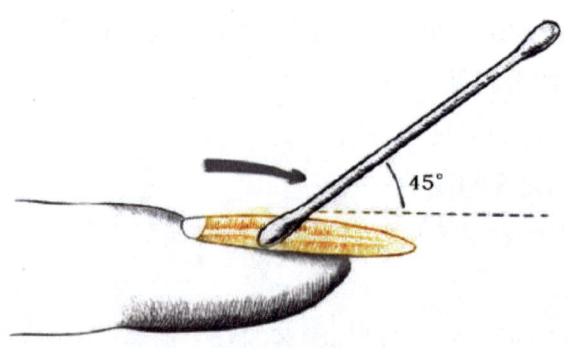

图 2—6 棉签的使用

4）用棉签蘸取洗甲水清洁指甲甲沟、甲壁、指皮后缘和指甲前缘下方的残留甲油。每片指甲使用一个新棉签。

5）棉签用完后，将棉花从橘木棒上拉下，放入废物袋。

6）在 10 个手指上重复步骤 2）~ 5）。

五、注意事项

1. 使用过的棉花或棉签都要扔掉,切勿再次将其浸入药液或化学品中。

2. 使用棉签清除指甲油虽然费时,但是能减少美甲师双手接触化学品的次数,保护美甲师双手皮肤少受伤害。

3. 指皮软化剂不要涂抹在指甲板上,以免指甲板被软化;涂抹得太多时,应用蘸有酒精的棉签擦去。

4. 所有步骤都是从左手小指开始,每步后都要将用过的棉花或棉签放入废物袋。

5. 彩色指甲油应涂两层,以使其色泽得到充分显示。

6. 涂完指甲油应检查指尖,在没有涂上的地方补上一笔。

7. 如果不小心把指甲油涂到指皮上,用棉签蘸洗甲水快速清除。

8. 取指甲油时,要根据顾客指甲的大小决定其蘸取量。

9. 为顾客涂抹指甲油时,动作要平稳、娴熟,手不能发抖。

10. 涂完指甲油后及时清洁瓶口,拧紧瓶盖。

培训项目 2 自然指甲护理

一、甲油快速干燥方法

一般使用甲油烘干机（见图2—7）或甲油速干剂使甲油快速干燥。

图2—7 甲油烘干机

二、甲油烘干机的安全使用与维护保养知识

甲油烘干机是美甲服务中最常用的设备之一，其工作原理是使用冷热风加速指甲油的干燥过程，缩短顾客的等候时间，可防止因指甲油未干而造成美甲破损现象。

1. 安全使用

（1）认真阅读使用说明书，熟悉仪器性能，经过训练后可以操作。

（2）接通电源，打开仪器开关，当手进入自动感应区时即会有风吹出。

（3）冷、暖风切换使用切换开关，一般冬季用暖风、夏季用冷风。

（4）进口设备电压一般是 100～110 V（国内使用电压为 220 V），一定要配变压器后方可使用。

（5）定期检查设备的绝缘状况，发现问题要及时处理。

（6）不允许随便更换、拆装仪器元件。

2. 维护保养

（1）认真阅读使用说明书，熟悉仪器性能，经过训练后方可操作。

（2）严格按照仪器使用说明书的步骤进行操作，避免通电时间过长。

（3）仪器使用完毕后，应立即关闭开关，切断电源。

（4）烘干机的外壳通常是塑料制品，要避免与美甲经常使用的溶剂接触，造成外壳腐蚀、损伤。

（5）严禁用湿手、湿布触摸与擦拭带电仪器，要用干净干燥的布擦拭设备，以保持清洁、干燥。

三、工作程序

1. 自然指甲基本护理工作程序

（1）服务项目

自然指甲基本护理，服务时间 30 min。

（2）服务用品

消毒液（浓度41%的福尔马林）、消毒液容器、毛巾、垫枕、浓度75%的酒精、棉花（片）、棉花容器、洗甲水、橘木棒、小镊子、指甲刀、180号打磨砂条、粉尘刷、浸手碗、护理浸液、指皮软化剂、指皮推、V形推叉、指皮剪、营养油、自然甲抛光块（条）、底油、彩色甲油、亮油、一次性纸巾、废物袋。

（3）工作准备

1）消毒工作台。

2）从消毒柜中取出干净的毛巾铺在工作台上，另卷起一块毛巾或用固定垫枕垫在毛巾下顾客的手腕处。

3）准备好已消毒的工具和用品。

4）清洁自己和顾客的双手。

5）总是从左手到右手，从每只手的小指开始工作。

（4）操作步骤

1）用浓度75%的酒精给自己和顾客的双手消毒（见图2—8）。

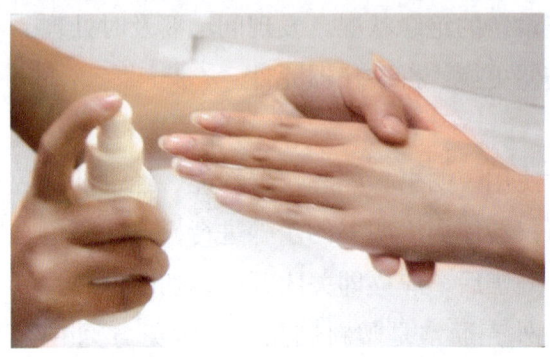

图2—8　双手消毒

2）用蘸有洗甲水的棉花或棉片清除顾客双手自然指甲上的甲油，并用橘木棒制作棉签，蘸取洗甲水清洁指甲甲沟、甲壁、指皮后缘和指甲前缘下方的残留甲油（见图2—9）。

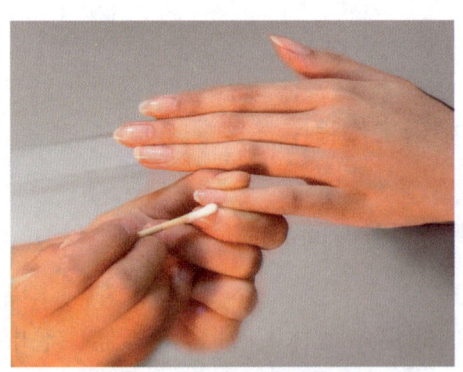

图2—9　清除残留甲油

3）根据顾客的要求，使用指甲刀修剪左手指甲的长度，然后用180号打磨砂条单方向（切忌来回）修整左手指甲前缘形状（见图2—10）。

4）用粉尘刷清除干净指甲表面和甲沟内的粉尘。

5）在浸手碗中注入温水，加入适量的护理浸液，浸泡左手（见图2—11）。

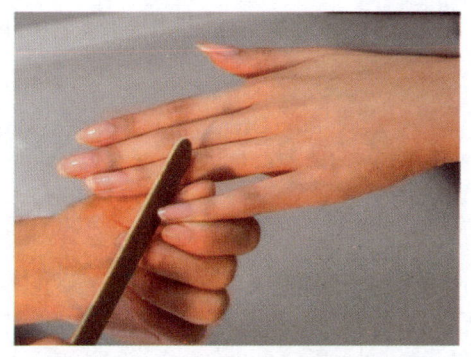

图 2—10 修整左手指甲前缘形状

图 2—11 浸泡左手

6)使用指甲刀修剪右手指甲的长度,然后用 180 号打磨砂条单方向(切忌来回)修整右手指甲前缘形状。

7)用粉尘刷清除干净指甲表面和甲沟内的粉尘。

8)将左手移出浸手碗,用毛巾擦干(见图 2—12)后开始以下步骤,并将修整好的右手放在浸手碗中浸泡。

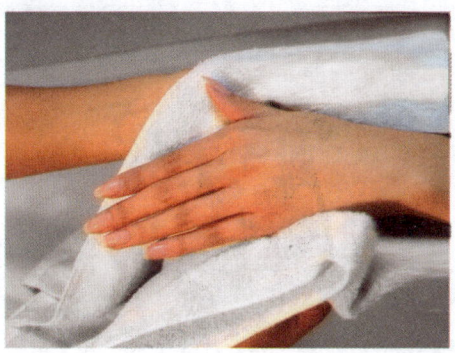

图 2—12 擦干左手

9）用橘木棒制作棉签，蘸取酒精清洁指甲前缘下方的污渍（见图2—13）。

图2—13 清洁指甲前缘下方污渍

10）在指甲后缘处涂抹指皮软化剂，加速后缘指皮的疏松、软化（切忌过多涂抹到指甲表面）。

11）用指皮推将指甲后缘指皮轻轻向指甲后缘处推至起翘（见图2—14）。

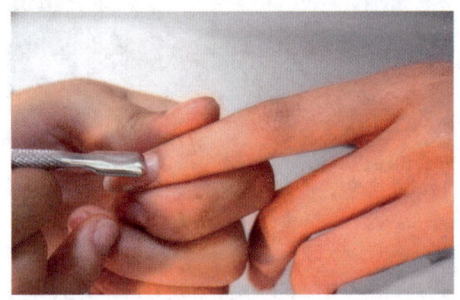

图2—14 推指皮

12）用指皮剪剪去疏松起翘的后缘指皮（见图2—15），同时，剪去指甲甲沟两侧硬茧或用V形推叉由指甲后缘处向前缘方向轻轻推去。步骤10）~ 12）应在一个指甲上完成后再进行下一个指甲操作。

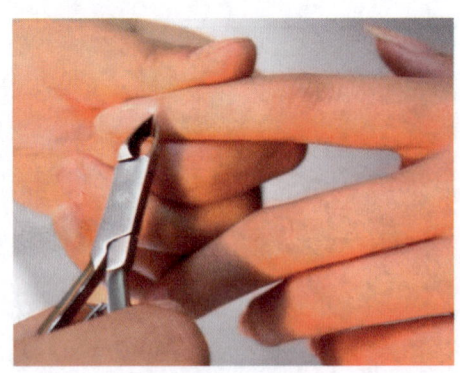

图2—15 剪指皮

13）将右手移出浸手碗，用毛巾擦干，重复步骤9）~ 12）。
14）在指甲后缘处涂抹营养油（见图2—16）。

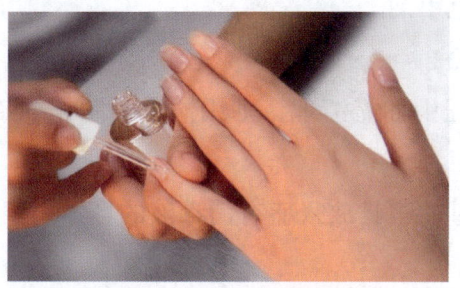

图2—16　涂抹营养油

15）轻轻按摩后缘指皮（见图2—17）。

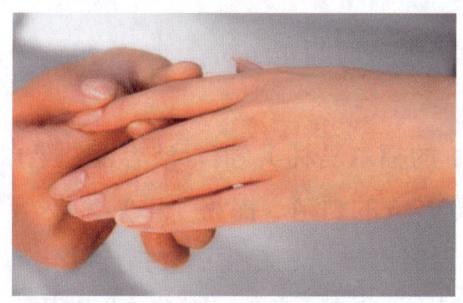

图2—17　按摩后缘指皮

16）用自然甲抛光块（条）由粗到细对指甲表面进行单向抛光（见图2—18）。

17）用蘸有酒精的棉花或棉片清除指甲表面的浮油，用橘木棒制作棉签，蘸取酒精清洁指甲甲沟、甲壁、指皮后缘和指甲前缘下方的残留油渍。

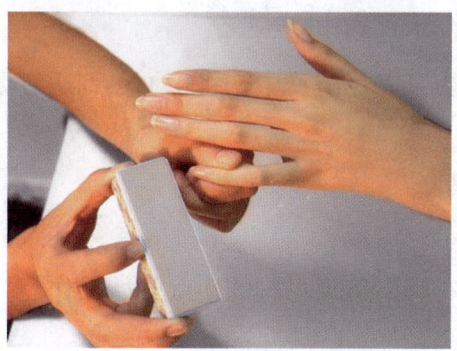

图2—18　抛光

18）涂抹甲油前收费。

19）再次给自己和顾客的双手消毒。

20）涂抹一层底油。

21）涂抹两层彩色甲油。

22）涂抹一层亮油。

23）涂甲油的过程中如需清理，则用橘木棒制作棉签，蘸取洗甲水，清理涂到指甲表面以外的甲油。

24）把所有使用过的工具放入盛有消毒液的容器内浸泡消毒。

25）清理工作台。

26）建立顾客档案，预约下一次服务时间。

2. 自然趾甲基本护理工作程序

（1）服务项目

自然趾甲基本护理，服务时间 40 min。

（2）服务用品

消毒液（浓度41%的福尔马林）、消毒液容器、毛巾、足浴盆、一次性塑料袋、护理浸液、浓度75%的酒精、棉花（片）、棉花容器、洗甲水、橘木棒、小镊子、指甲刀、180号打磨砂条、粉尘刷、指皮软化剂、指皮推、V形推叉、指皮剪、营养油、自然甲抛光块（条）、底油、彩色甲油、亮油、一次性纸巾、废物袋。

（3）工作准备

1）请顾客坐在足护理专用沙发上。

2）从消毒柜中取出干净的毛巾，折叠好，放在足护理专用凳上。

3）准备好已消毒的工具和用品。

4）将一次性塑料袋套在足浴盆中，将水加热到适宜温度后保持恒温，加入适量的护理浸液。

5）请顾客浸泡双脚。

6）清洁自己的双手。

7）总是从左脚到右脚，从每只脚的小趾开始操作。

（4）操作步骤

1）用浓度75%的酒精给自己的双手消毒。

2）将顾客的左脚移出足浴盆，用毛巾擦干。

3）用浓度 75% 的酒精给顾客的左脚消毒。

4）用蘸有洗甲水的棉花或棉片清除顾客左脚自然趾甲上的甲油，用橘木棒制作棉签，蘸取洗甲水清洁趾甲甲沟、甲壁、趾皮后缘和趾甲前缘下方的残留甲油。

5）用指甲刀修剪趾甲的长度（见图 2—19）。

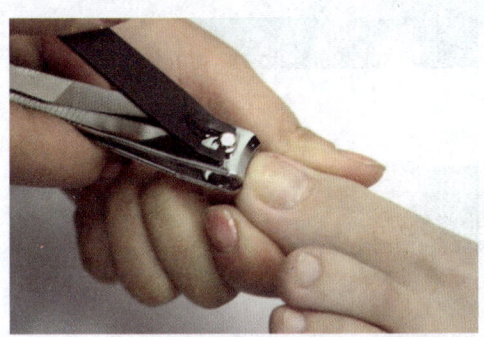

图 2—19　修剪趾甲长度

6）用 180 号打磨砂条单方向（切忌来回）修整趾甲前缘形状（见图 2—20）。

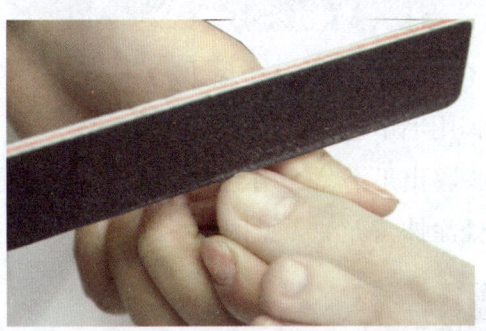

图 2—20　修整趾甲前缘形状

7）用粉尘刷清除干净趾甲表面和甲沟内的粉尘。

8）用橘木棒制作棉签，蘸取酒精清洁趾甲前缘下方、甲沟两侧的污渍。

9）在趾甲后缘处涂抹指皮软化剂，加速后缘趾皮的疏松、软化（切忌过多涂抹到趾甲表面）。

10）用指皮推将趾甲后缘趾皮轻轻向趾甲后缘处推至起翘（见图 2—21）。

11）用指皮剪剪去疏松起翘的后缘趾皮（见图 2—22），同时，剪去趾甲甲沟两侧硬茧或用 V 形推叉由趾甲后缘处向前缘方向轻轻推去。步骤 9）~ 11）应在一个趾甲上完成后再进行下一个趾甲操作。

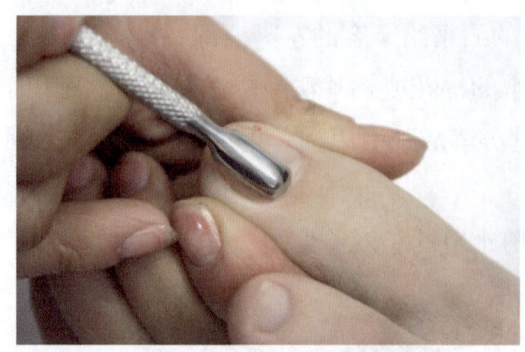

图 2—21 推趾皮

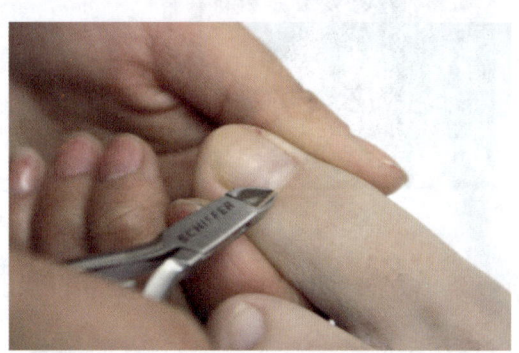

图 2—22 剪趾皮

12）将顾客的左脚用毛巾包好，放在一侧。

13）将顾客的右脚移出足浴盆，用毛巾擦干，重复步骤3）~ 11）。

14）在趾甲后缘处涂抹营养油（见图 2—23）。

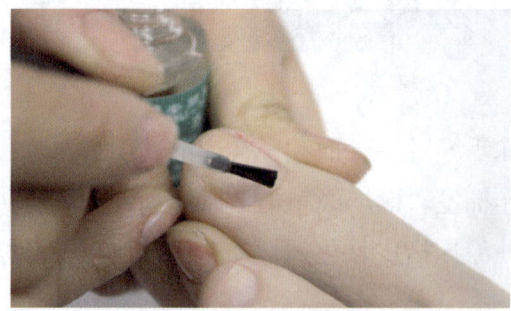

图 2—23 涂抹营养油

15）轻轻按摩后缘趾皮。

16）用自然甲抛光块（条）由粗到细对趾甲表面进行单向抛光（见图 2—24）。

图 2—24 单向抛光

17）用蘸有酒精的棉花或棉片清洁趾甲表面上的浮油，并用橘木棒制作棉签，蘸取酒精清洁趾甲甲沟、甲壁、趾皮后缘和趾甲前缘下方的残留油渍（见图 2—25）。

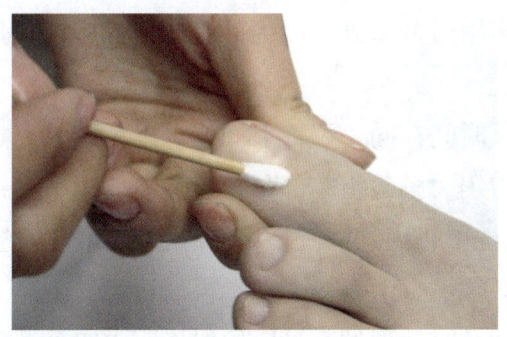

图 2—25 清洁残留油渍

18）涂抹甲油前收费。

19）再次给自己和顾客的双手消毒。

20）戴上隔趾海绵。

21）涂抹一层底油。

22）涂抹两层彩色甲油。

23）涂抹一层亮油。

24）涂甲油的过程中如需清理，则用橘木棒制作棉签，蘸取洗甲水，清理涂到趾甲表面以外的甲油。

25）晾干甲油，取下隔趾海绵。

26）把所有使用过的工具放入盛有消毒液的容器内浸泡消毒。

27）清理工作台。

28）建立顾客档案，预约下一次服务时间。

四、注意事项

1. 打磨指甲的动作是从两边向中间各三下，勿使用型号小于 180 号的砂条打磨自然指甲，切忌来回打磨，以免损伤指甲。

2. 勿在干燥的指甲上用指皮推进行推指皮操作，以免造成指甲表面角质层剥落使指甲变得凹凸不平，推指皮时也勿用力过猛。

3. 剪指皮时必须剪断指皮后再提起指皮剪以免拉伤皮肤。手边应备有杀菌剂，若出现工作失误，造成顾客受伤，必须及时处理顾客的伤口，以免感染细菌。

4. 不要对自然指甲过分抛光，因为由此产生的摩擦和热度有可能导致指甲脱落。

5. 抛光时避免长时间在同一位置上操作，以免产生高热度，烫伤甲床。

6. 使用棉签时勿用力触碰指芯部分，以免造成指甲萎缩；对于指芯敏感的顾客，可以用超声波洗甲机为其清洗指甲前缘，避免疼痛造成美甲紧张症状。

7. 服务过程中必须注意消毒、消毒、再消毒。

8. 清理工作台后及时处理垃圾，以便保持店内空气清新。

9. 预约顾客时应提醒对方准时到达，如果超过预约时间 15 min，则须另行安排时间，以免影响下一位顾客。

10. 严禁用湿手、湿布触摸、擦拭运行中的仪器，要用清洁、干燥的布擦拭。设备保存前可用清水或洗洁精或低浓度的酒精擦拭设备，以保持其清洁、干燥。

11. 仪器使用完毕后，应立即关机，切断电源。

培训项目 3 甲油胶的使用方法

一、服务项目

自然指甲涂抹甲油胶，时间 45 min。

二、服务用品

浓度 75% 的酒精、橘木棒、180 号打磨砂条、240 号打磨砂条、底胶、甲油胶、封层胶、照灯、棉片、棉片容器、洗甲水、废物袋。

三、工作准备

1. 消毒工作台。
2. 从消毒柜中取出干净的毛巾铺在工作台上，卷起一块毛巾或用固定垫枕（垫在毛巾下）放在顾客的手腕处。
3. 准备好已消毒的工具和用品。
4. 清洁自己和顾客的双手。
5. 总是从左手到右手，从每只手的小指开始操作。

四、甲油胶涂抹操作步骤

1. 准备工具（见图2—26）。

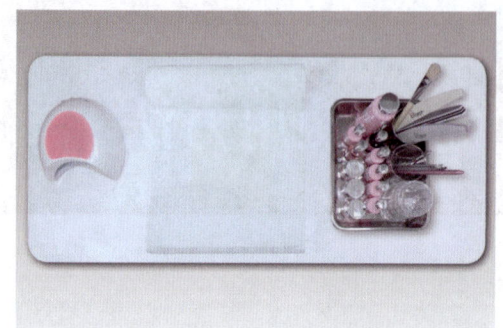

图2—26　准备工具

2. 清洁顾客双手。用棉片蘸取消毒水清洁顾客的手背、手心、指缝（见图2—27）。

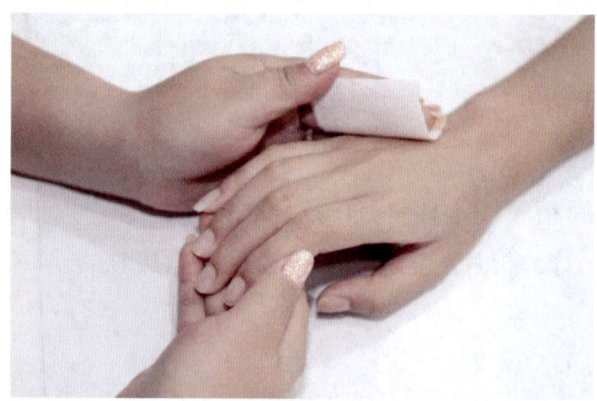

图2—27　清洁顾客双手

3. 修整指甲前缘。使用180号打磨砂条修整指甲前缘形状（见图2—28）。

4. 打磨甲面。使用240号打磨砂条刻磨自然甲，并用清洁水清洁甲面（见图2—29）。

5. 涂黏合剂。在指甲表面涂黏合剂，注意边缘留0.8 mm距离，前缘包边（见图2—30）。

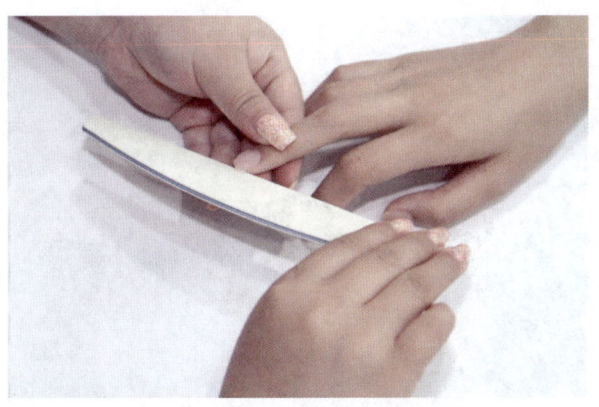

图 2—28　修整指甲前缘

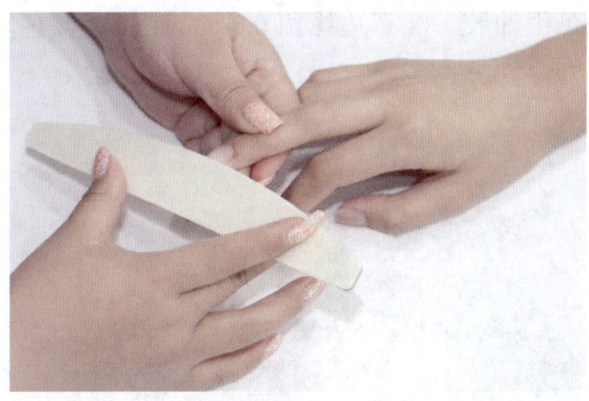

图 2—29　打磨甲面

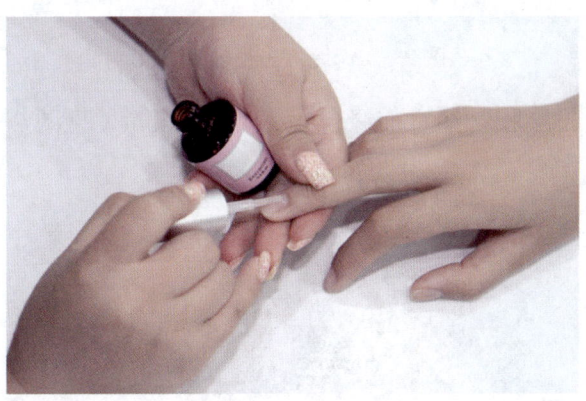

图 2—30　涂黏合剂

6. 涂底胶。注意边缘留 0.8 mm，力度适中，涂抹均匀，并照灯 30 s（见图 2—31）。

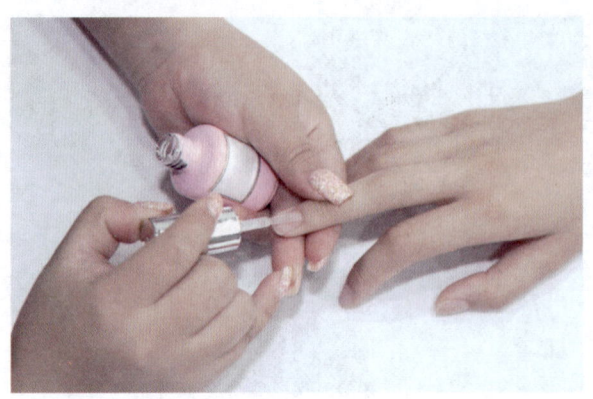

图 2—31 涂底胶

7. 涂两遍颜色甲油胶。注意边缘留 0.8 mm 距离，颜色均匀，前缘包边，照灯 1 min（见图 2—32）。

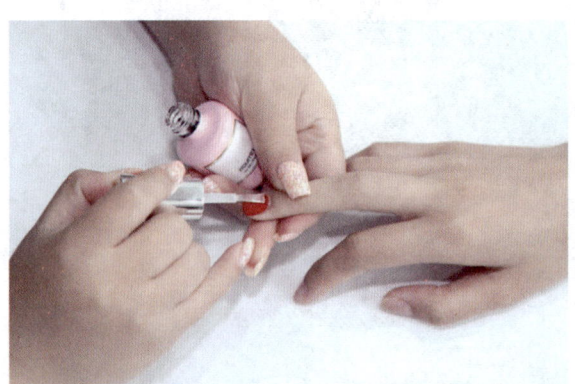

图 2—32 涂两遍颜色甲油胶

8. 上第二遍封层胶。注意前缘包边，照灯 1 min（见图 2—33）。

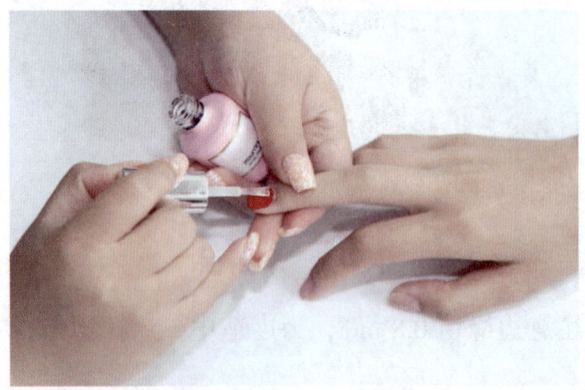

图 2—33 上第二遍封层胶

9. 第二遍照灯并清洁。第二遍照灯 90 s，并进行清洁（见图 2—34）。

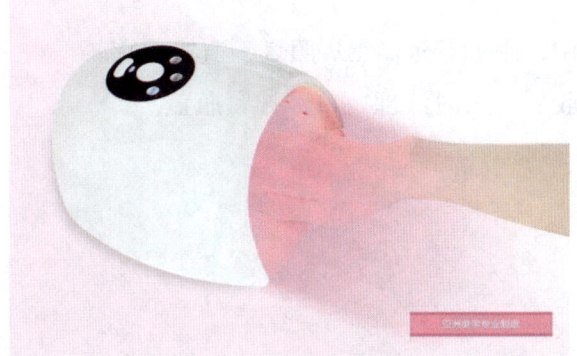

图 2—34　第二遍照灯并清洁

10. 完成图（见图 2—35）。

图 2—35　完成图

五、注意事项

1. 照灯时间根据不同产品使用说明设定。

2. 使用统一品牌的底胶、甲油胶、封层胶，涂抹均匀，避免涂抹过厚或缩胶。

3. 操作过程中，甲油胶远离 UV 照灯，避光保存。

4. 涂完甲油胶后，及时清理瓶口、拧紧瓶盖。

职业模块 ③ 手、足部养护

内容结构图

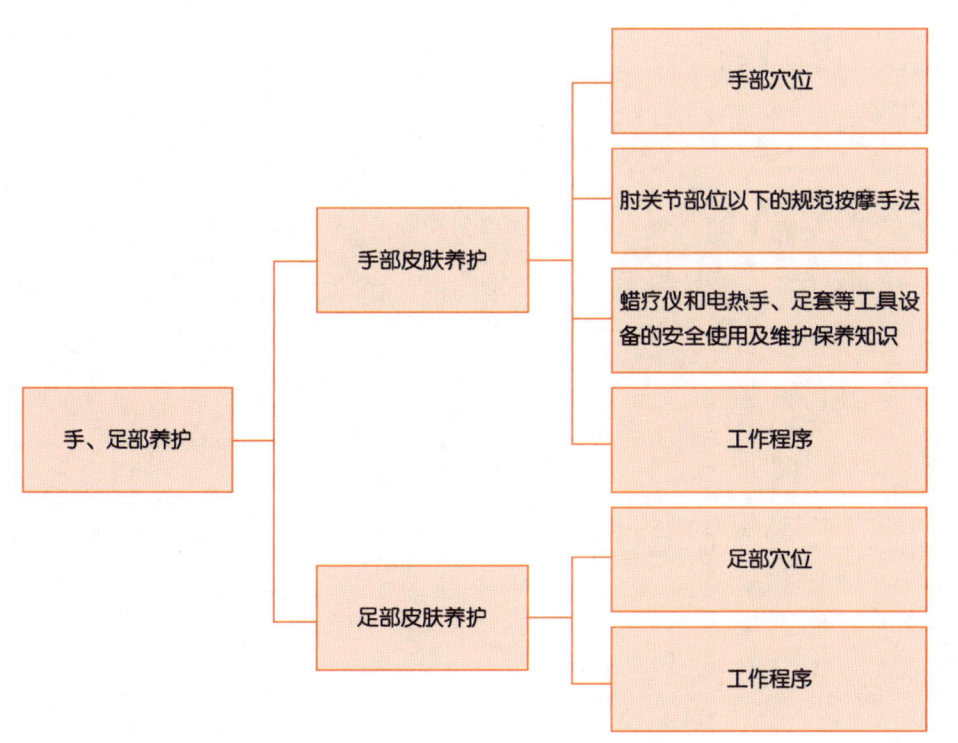

培训项目 1 手部皮肤养护

一、手部穴位

手部穴位图（见图3—1）。

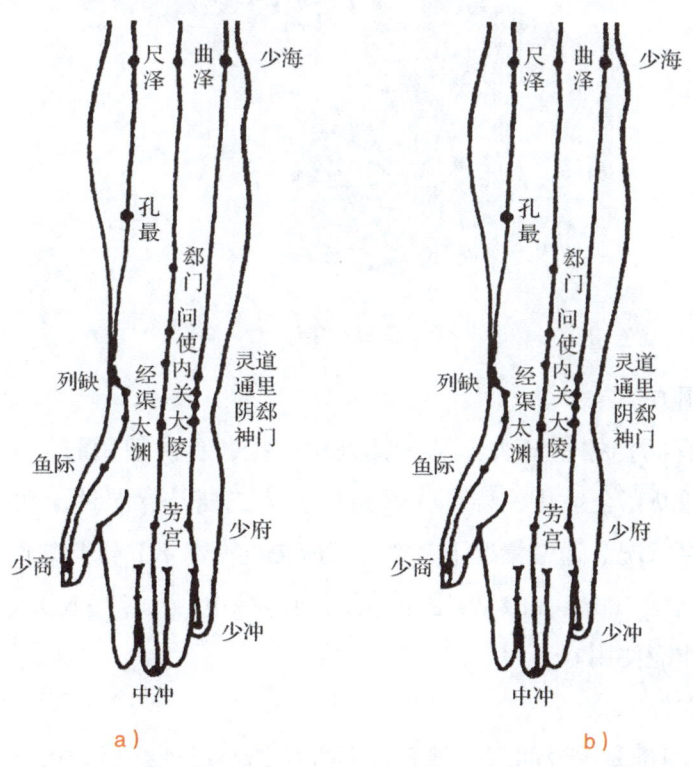

图3—1 手部穴位图
a）手部内侧 b）手部外侧

二、肘关节部位以下的规范按摩手法

按摩的动作可以分为以下 4 种。
1. 旋转。旋转手指和手腕。
2. 推拿。推拿手指和手臂。
3. 屈伸。屈伸手腕。
4. 轻柔摩擦手指、手、前臂和肘关节。

三、蜡疗仪和电热手、足套等工具设备的安全使用及维护保养知识

1. 蜡疗仪（见图 3—2）

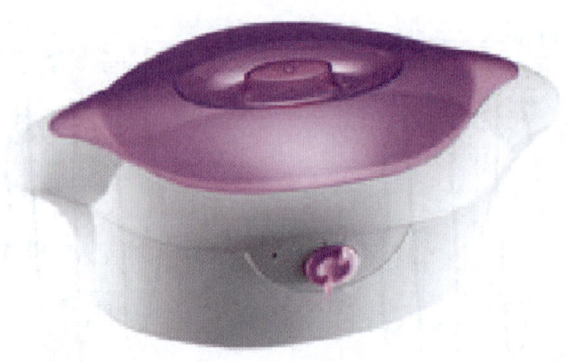

图 3—2　蜡疗仪

（1）使用方法

蜡疗仪有两挡控制开关：第一挡是化蜡挡，首次使用时，蜜蜡呈固体状，需 3～4 h 可以完全融化，要预先准备好；第二挡是保温挡，功能是使蜜蜡保持在使用温度状况。通常情况下，蜡疗仪应提前 2～3 h 打开并使用保温挡。进口设备的电压是 100～110 V（国内使用的电源电压为 220 V），一定要配备变压器转换后才能使用。

（2）维护保养

1）认真阅读使用说明书，熟悉仪器性能，经过训练后方可操作。

2）严格按照仪器使用说明书的步骤进行操作，避免通电时间过长。

3)蜡疗仪的外壳通常是塑料制品,要避免与美甲经常使用的溶剂接触,造成外壳腐蚀、损伤。

4)严禁用湿手、湿布触摸与擦拭仪器。要用干净干燥的布擦拭,以保持清洁、干燥。

5)仪器使用完毕后,应立即关机,切断电源。

2. 电热手套、电热足套(见图3—3)

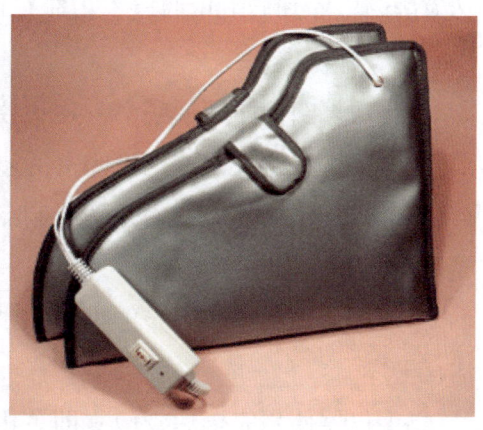

a)　　　　　　　　　　　　　　　　　　b)

图3—3　电热手套、电热足套

a)电热手套　b)电热足套

(1)使用方法

1)先进行手、足部皮肤护理、指甲保养及指甲前缘的修磨,避免电热手套、电热足套内层受损。

2)用保鲜膜将手、足部包好,以达到最好的效果及保护电热手套、电热足套内侧避免被蜜蜡污染。

3)接通电源后,针对不同的顾客需求,按从低温到高温的程序进行温度的调控切换。

4)使用完毕后,为保持电热手套、电热足套的清洁及延长使用寿命,用湿布将电热手套、电热足套表面擦拭干净。切勿用水直接冲洗。

5)无人在旁边及睡觉前,应将电热手套、电热足套电源切断,放在小孩接触不到的地方。

6)使用前必须先检查电热手套、电热足套是否破损。如有破损,应立即进行更换。

7）必须严格按照正常的温度调控程序，使用电热手套、电热足套，严禁反程序操作。

8）注意保持电热手套、电热足套的平整，切勿重压导致变形，损害电热手套、电热足套的内部装置。

9）离开时，必须将电源插头拔掉以使电热手套、电热足套完全断电。

10）开始使用时，必须小心调控温度，严禁瞬时温度过高；使用完毕后，必须待温度冷却后方可收藏，以延长电热手套、电热足套的使用寿命。

（2）维护保养

1）认真阅读使用说明书，熟悉仪器性能，经过训练后方可操作。

2）严格按照仪器使用说明书的步骤进行操作，避免通电时间过长。

3）蜡疗仪的外壳通常是塑料制品，要避免与美甲经常使用的溶剂接触，造成外壳腐蚀、损伤。

4）严禁用湿手、湿布触摸与擦拭仪器，要用干净干燥的布擦拭，以保持清洁、干燥。

5）仪器使用完毕后，应立即关机，切断电源。

四、工作程序

1. 服务项目
标准手护理，服务时间 60 min。

2. 服务用品
消毒液（浓度41%的福尔马林）、消毒液容器、毛巾、垫枕、蜡膜机、蜜蜡、浓度75%的酒精、棉花（片）、棉花容器、洗甲水、橘木棒、小镊子、指甲刀、180号打磨砂条、粉尘刷、浸手碗、护理浸液、指皮软化剂、指皮推、V形推叉、指皮剪、营养油、自然甲抛光块（条）、按摩霜、保鲜膜或塑料袋、电热手套、底油、彩色甲油、亮油、一次性纸巾、废物袋。

3. 工作准备
（1）消毒工作台。

（2）从消毒柜中取出干净的毛巾铺在工作台上，另卷起一块毛巾或用固定垫枕垫在毛巾下顾客的手腕处。

（3）准备好已消毒的工具和用品。

（4）打开蜡膜机的电源开关，融好蜜蜡恒温待用。

（5）清洁自己和顾客的双手。

（6）总是从左手到右手，从每只手的小指开始操作。

4. 操作步骤

（1）用浓度75%的酒精给自己和顾客的双手消毒。

（2）用蘸有洗甲水的棉花或棉片清除顾客双手自然指甲上的甲油，用橘木棒制作棉签，蘸取洗甲水清洁指甲甲沟、甲壁、指皮后缘和指甲前缘下方的残留甲油。

（3）根据顾客的要求，使用指甲刀修剪左手指甲的长度，然后用180号打磨砂条单方向（切忌来回）修整左手指甲前缘形状。

（4）用粉尘刷清除干净指甲表面和甲沟内的粉尘。

（5）在浸手碗中注入温水，加入适量的护理浸液，浸泡左手。

（6）使用指甲刀修剪右手指甲的长度，然后用180号打磨砂条单方向（切忌来回）修整右手指甲前缘形状。

（7）用粉尘刷清除干净指甲表面和甲沟内的粉尘。

（8）将左手移出浸手碗，用毛巾擦干后开始以下步骤，并将右手放在浸手碗中浸泡。

（9）用橘木棒制作棉签，蘸取酒精清洁指甲前缘下方的污渍。

（10）在指甲后缘处涂抹指皮软化剂，加速后缘指皮的疏松、软化（切忌过多涂抹到指甲表面）。

（11）用指皮推将指甲后缘指皮轻轻向指甲后缘处推至起翘。

（12）用指皮剪剪去疏松起翘的后缘指皮，同时，剪去指甲甲沟两侧硬茧或用V形推叉由指甲后缘处向前缘方向轻轻推去。步骤（10）~（12）需要在一个指甲上完成后再进行下一个指甲操作。

（13）将右手移出浸手碗，用毛巾擦干，重复步骤（9）~（12）。

（14）在指甲后缘处涂抹营养油。

（15）轻轻按摩后缘指皮。

（16）用自然甲抛光块（条）由粗到细对指甲表面进行抛光。

（17）按摩左手。涂按摩霜，按摩肘关节以下小臂、手掌、手指部位。

1）旋转手指。捏着指尖沿尽可能大的弧度轻柔转动3次（见图3—4）。

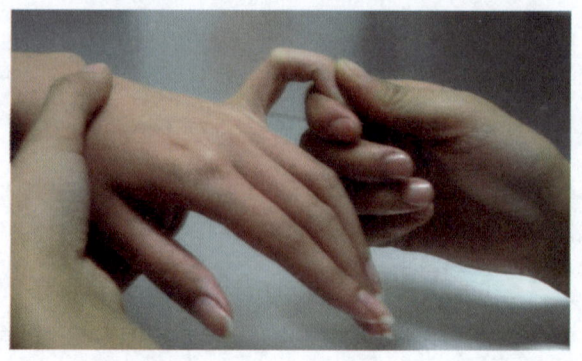

图3—4　旋转手指

2）摩擦手背。将双手拇指按在顾客手背上，从手腕开始，渐次轻柔摩擦至指关节，然后双手同时回到手腕处（见图3—5）。该动作重复3次。

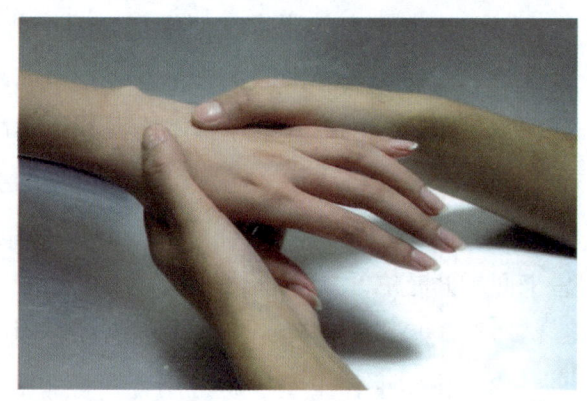

图3—5　摩擦手背

3）推拿手掌。双手拇指的第一指节按在顾客的手掌上，从手腕开始，渐次摩擦至手指根部（见图3—6）。该动作重复5次。

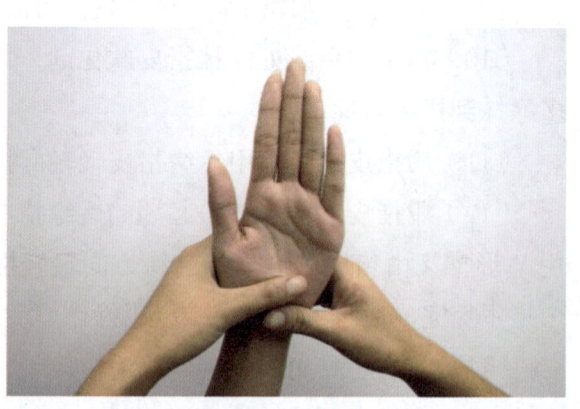

图3—6　推拿手掌

4）推拿手指。双手的拇指和食指捏住顾客手指,从指节开始,渐次揉搓至指尖,然后双手同时回到指节处(见图3—7)。该动作在每个手指上重复3次。

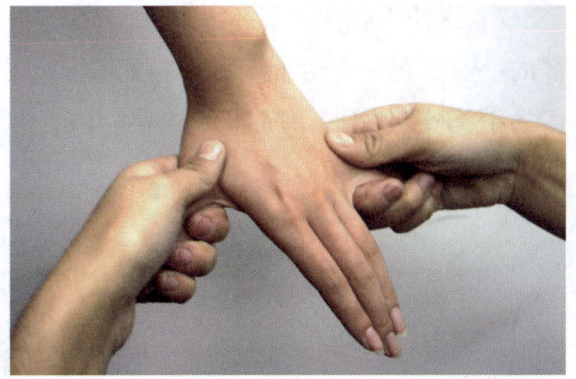

图3—7 推拿手指

5）旋转手腕。一只手握住顾客的手腕,另一只手握住顾客的手指,旋转手腕3次(见图3—8)。

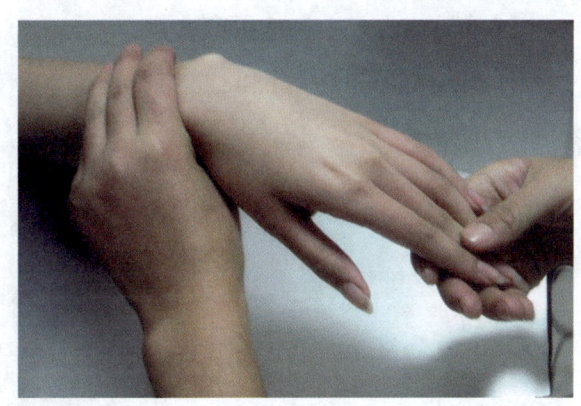

图3—8 旋转手腕

6）屈伸手掌。一只手托住顾客的手腕,另一只手掌抵住顾客的手掌,屈伸手掌3次(见图3—9)。

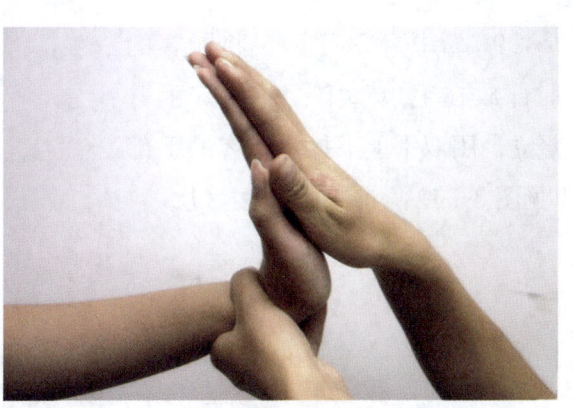

图3—9 屈伸手掌

7）屈伸手腕。一只手托住顾客的手腕，另一只手的手指与顾客的手指交叉相握，屈伸旋转手腕3次（见图3—10）。

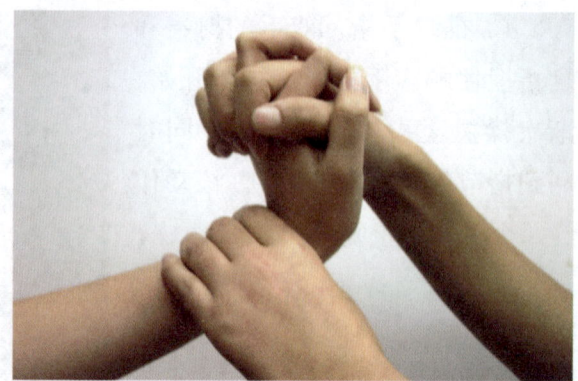

图3—10　屈伸手腕

8）轻拉。一只手托住顾客的手腕，另一只手的拇指和食指捏住顾客的指尖轻轻一拉（见图3—11）。该动作重复3次。

图3—11　轻拉

9）摩擦手和手腕。将顾客的肘部放在毛巾垫上，并使其手臂竖立，用双手上下揉搓顾客的手部（见图3—12）。该动作重复3次。

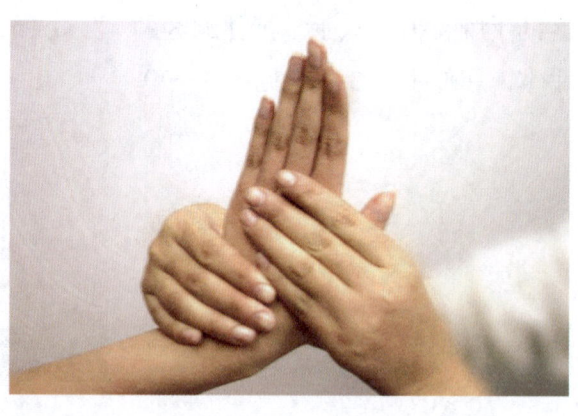

图3—12　摩擦手和手腕

10)推拿前臂。紧紧握住顾客的手腕,使其掌心向下,双手紧贴顾客小臂上下推拿,渐次至肘部。该动作重复3次(见图3—13)。

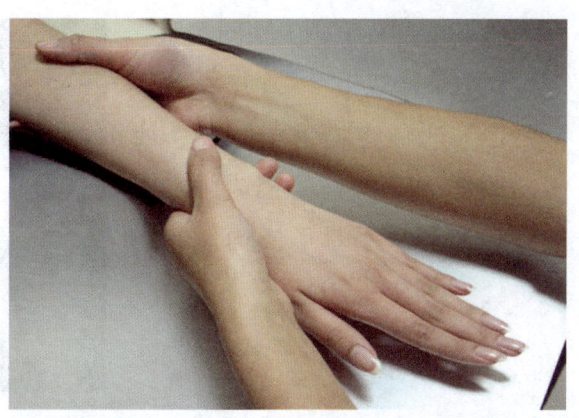

图 3—13 推拿前臂

11)按摩前臂。让顾客掌心向下,双手握住顾客的前臂。拇指放在顾客手腕处,然后用拇指施力,揉擦渐至肘部,再返回手腕。该动作重复3次(见图3—14)。

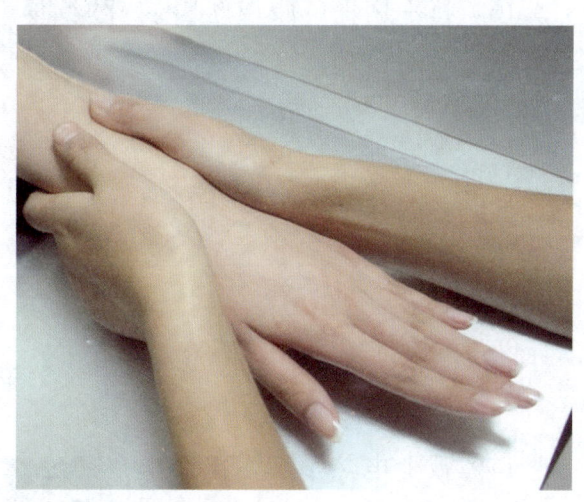

图 3—14 按摩前臂

12)旋转肘部。一只手握住顾客的手腕,另一只手的拇指和食指捏住肘关节,旋转3次(见图3—15)。

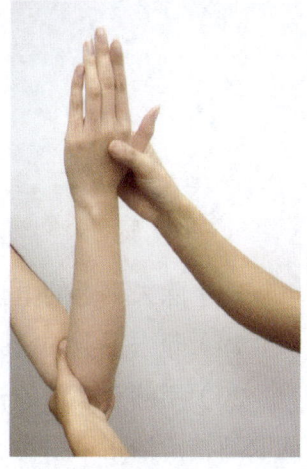

图 3—15 旋转肘部

13）按摩右手，步骤同左手。

14）清洁双手。

15）请顾客将手指张开，放入蜡膜机内已融好的蜜蜡中，使蜡液包裹整只手掌形成均匀的蜡膜手套（见图3—16）。

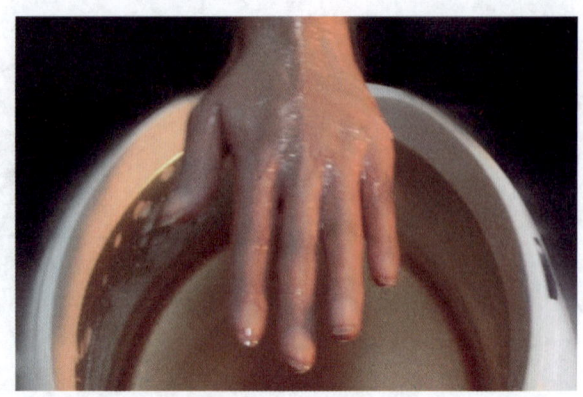

图3—16 浸入蜡液

16）将手用保鲜膜或塑料袋套好（见图3—17）。

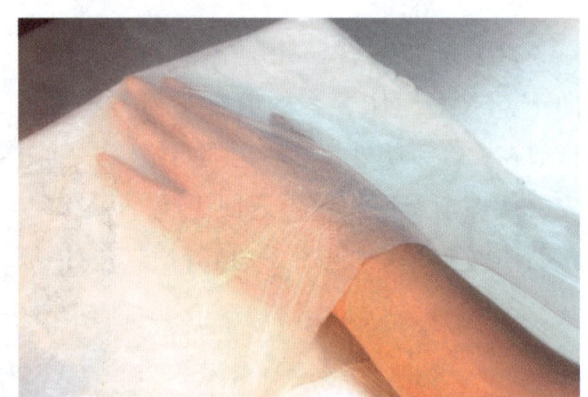

图3—17 包裹保鲜膜

17）戴上电热手套，接通电源，保温10 min（见图3—18）。

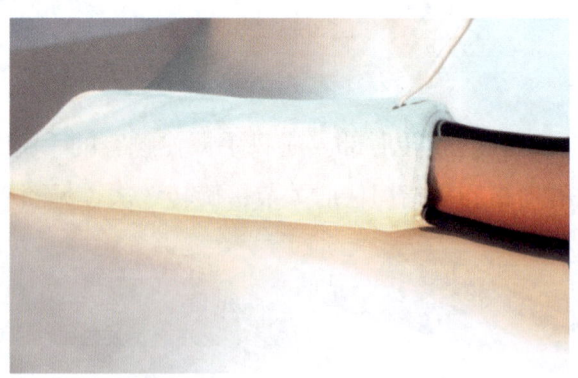

图3—18 戴上电热手套

18）除去手上的电热手套。

19）除去手上的蜡膜。

20）用蘸有酒精的棉花或棉片清除指甲表面上的浮油，用橘木棒制作棉签，蘸取酒精清洁指甲甲沟、甲壁、指皮后缘和指甲前缘下方的残留油渍。

21）涂抹甲油前收费。

22）再次给自己和顾客的双手消毒。

23）涂抹一层底油。

24）涂抹两层彩色甲油。

25）涂抹一层亮油。

26）涂甲油的过程中如需清理，则用橘木棒制作棉签，蘸取洗甲水清理涂到指甲表面以外的甲油。

27）把所有使用过的工具放入盛有消毒液的容器内浸泡消毒。

28）清理工作台。

29）建立顾客档案，预约下一次服务时间。

5. 注意事项

按摩动作应按顺序从手指尖到肘部再到手臂。手指按摩结束后，应捏住指尖轻轻捏压。旋转手腕后，应握住手腕拉一下。按摩手法应灵活，力度因人而施。

培训项目 2　足部皮肤养护

一、足部穴位

足部穴位图（见图3—19）。

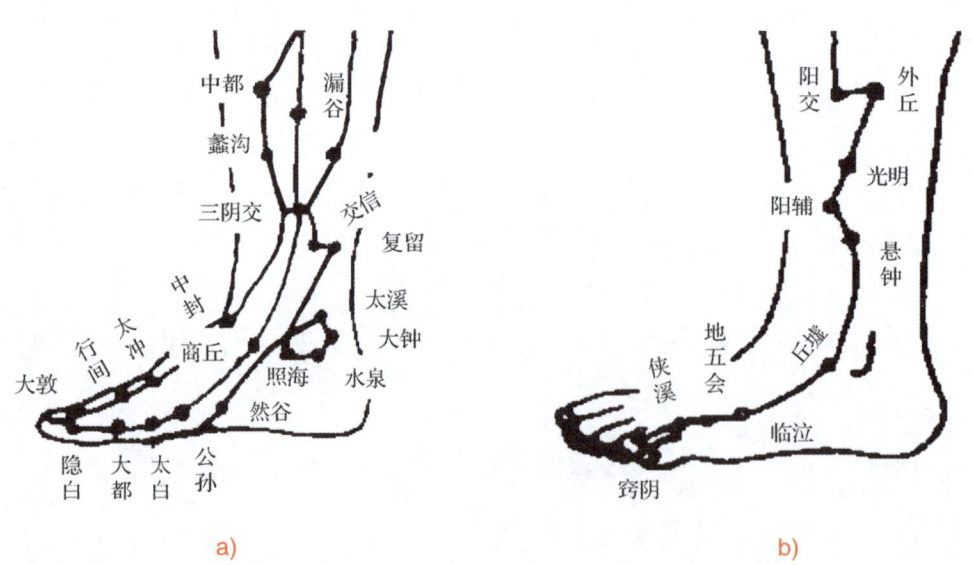

a)　　　　　　　　　　　　　　b)

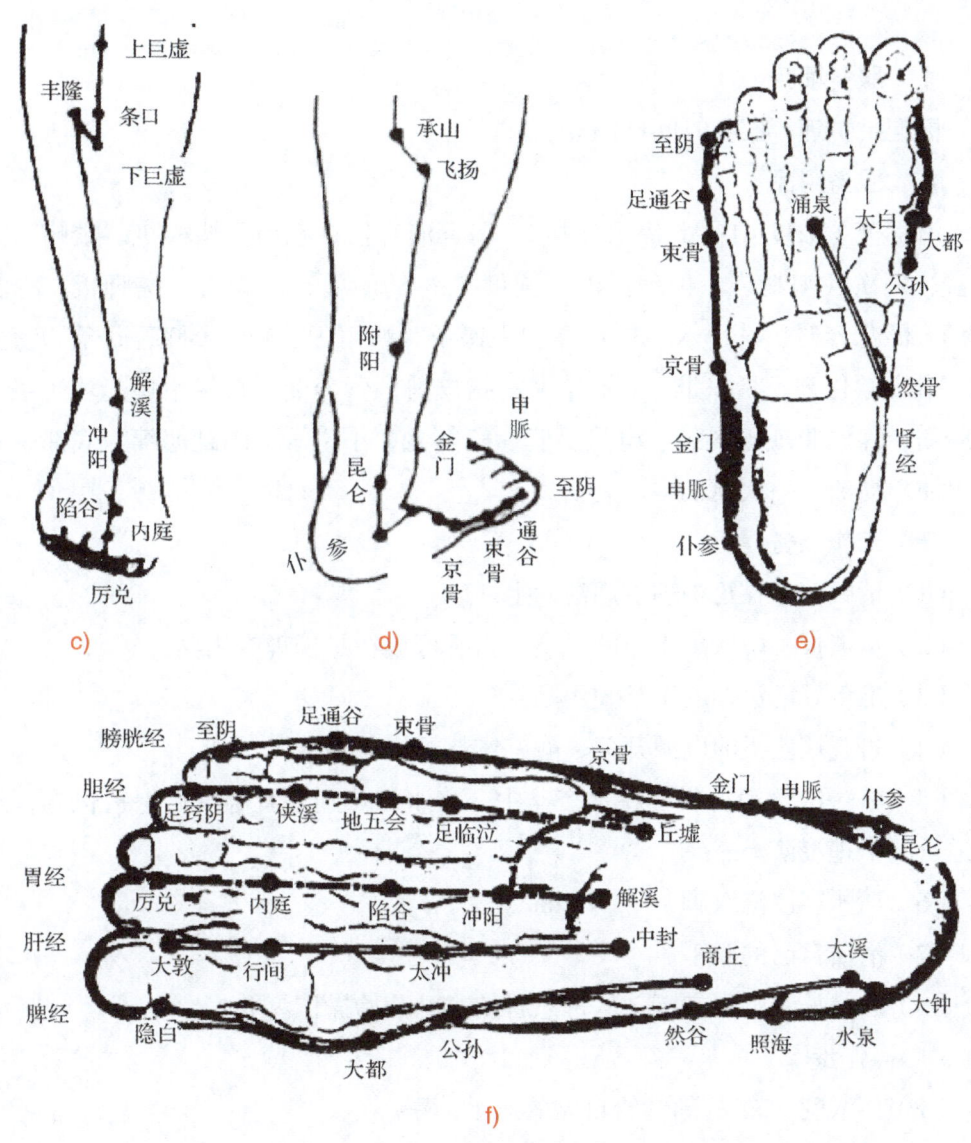

图3—19 足部穴位图

a) 下肢内侧部 b) 下肢外侧部 c) 下肢前部 d) 下肢后部 e) 足底 f) 足面

二、工作程序

1．服务项目
标准足护理，服务时间 90 min。

2．服务用品
消毒液（浓度 41% 的福尔马林）、消毒液容器、毛巾、蜡模机、蜜蜡、足浴盆、一次性塑料袋、护理浸液、浓度 75% 的酒精、刮脚刀、搓脚板、棉花（片）、棉花容器、洗甲水、橘木棒、小镊子、指甲刀、180 号打磨砂条、粉尘刷、指皮软化剂、指皮推、V 形推叉、指皮剪、营养油、自然甲抛光块（条）、按摩霜、保鲜膜或塑料袋、电热足套、塑料盆、小勺子、隔趾海绵、底油、彩色甲油、亮油、一次性纸巾、废物袋。

3．工作准备
（1）请顾客坐在足护理专用沙发上。

（2）从消毒柜中取出干净的毛巾，折叠好放在足护理专用凳上。

（3）准备好已消毒的工具和用品。

（4）打开蜡膜机的电源开关，融好蜜蜡恒温待用。

（5）将一次性塑料袋套在足浴盆中，将水加热到适宜温度后保持恒温，加入适量的护理浸液。

（6）请顾客浸泡双脚 10～15 min。

（7）清洁自己的双手。

（8）总是从左脚到右脚，从每只脚的小趾开始操作。

4．操作步骤
（1）用浓度 75% 的酒精给自己的双手消毒。

（2）将顾客的左脚移出足浴盆，用毛巾擦干。

（3）用浓度 75% 的酒精给顾客的左脚消毒。

（4）用蘸有洗甲水的棉花或棉片清除顾客左脚自然趾甲上的甲油，用橘木棒制作棉签，蘸取洗甲水清洁趾甲甲沟、甲壁、趾皮后缘和趾甲前缘下方的残留甲油。

（5）用指甲刀修剪趾甲的长度。

（6）用180号打磨砂条单方向（切忌来回）修整趾甲前缘形状。

（7）用粉尘刷清除干净趾甲表面和甲沟内的粉尘。

（8）用橘木棒制作棉签，蘸取酒精清洁趾甲前缘下方、甲沟两侧的污渍。

（9）在趾甲后缘处涂抹指皮软化剂，加速后缘趾皮的疏松、软化（切忌过多涂抹到趾甲表面）。

（10）用指皮推将趾甲后缘趾皮轻轻向趾甲后缘处推至起翘。

（11）用指皮剪剪去疏松起翘的后缘趾皮，同时，剪去趾甲甲沟两侧硬茧或用V形推叉由趾甲后缘处向前缘方向轻轻推去。步骤（9）~（11）应在一个趾甲上完成后再进行对下一个趾甲操作。

（12）在趾甲后缘处涂抹营养油。

（13）轻轻按摩后缘趾皮。

（14）用自然甲抛光块由粗到细对趾甲表面进行抛光。

（15）将左脚放回足浴盆中，移出右脚，用毛巾擦干，重复步骤（3）~（14）。

（16）将右脚放回足浴盆中，移出左脚，用毛巾擦干。

（17）用刮脚刀刮除或用搓脚板打磨脚部的硬皮和老茧，特别注意脚掌和脚跟部位（见图3—20）。

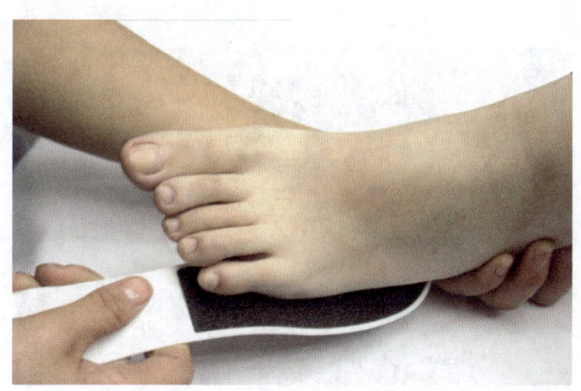

图3—20 打磨硬皮和老茧

（18）清洁左脚后，涂按摩霜，按摩膝关节以下小腿、脚掌、脚趾部位。

1）双手摩擦脚部（见图3—21）。

2）旋转脚踝部，左、右各30~50次（见图3—22）。

3）双手对搓脚部（见图3—23）。

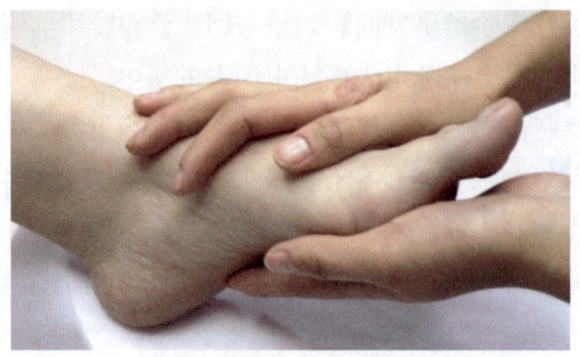

图 3—21 摩擦脚部

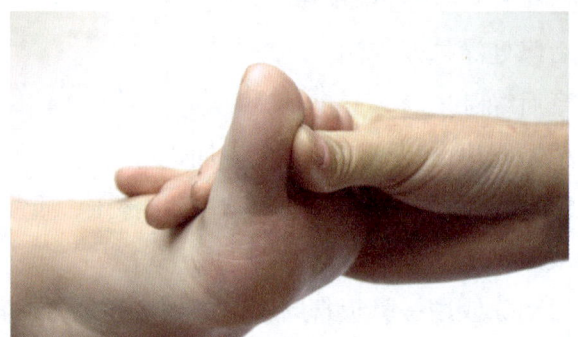

图 3—22 旋转脚踝

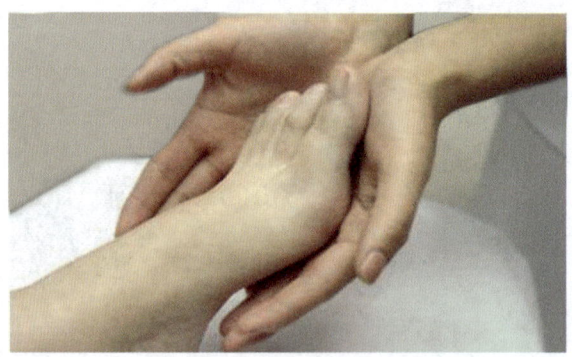

图 3—23 对搓脚部

4）单手上、下拔脚趾（见图 3—24）。

5）单手外拔脚趾（见图 3—25）。

6）拇指和食指夹提八邪穴（见图 3—26）。

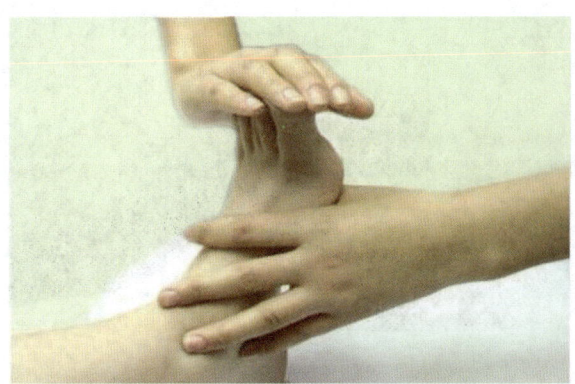

图 3—24 上、下拔脚趾

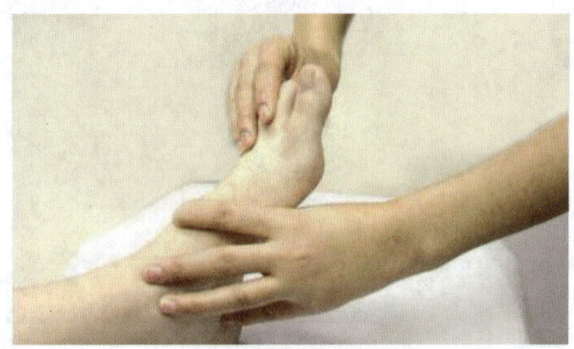

图 3—25 外拔脚趾

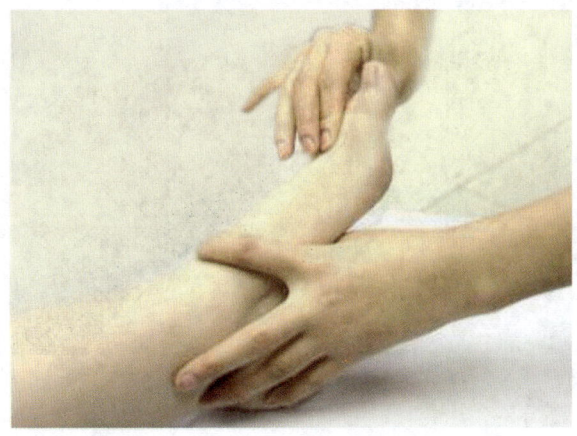

图 3—26 夹提八邪穴

7）点压每个脚趾趾腹（见图 3—27）。

8）点压脚底涌泉穴（见图 3—28）。

9）纵推每个脚趾（见图 3—29）。

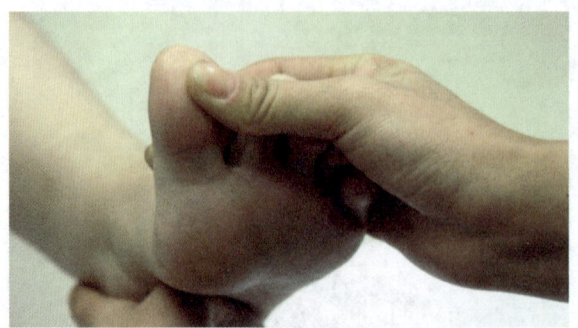

图 3—27　点压每个脚趾趾腹

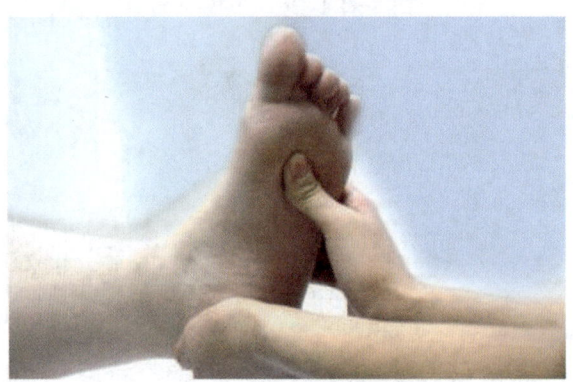

图 3—28　点压脚底涌泉穴

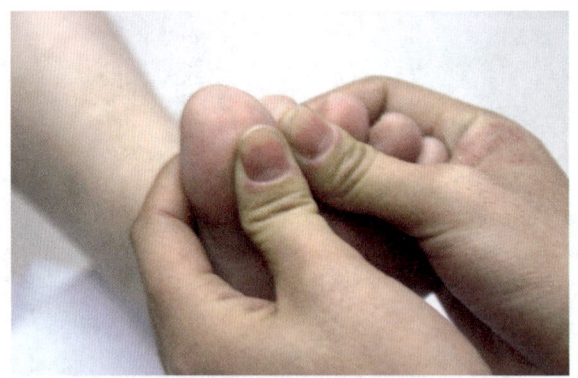

图 3—29　纵推每个脚趾

10）两手拇指分推脚掌（见图 3—30）。

11）纵刮脚底 3 条线（见图 3—31）。

12）拇指顺时针旋磨脚心（见图 3—32）。

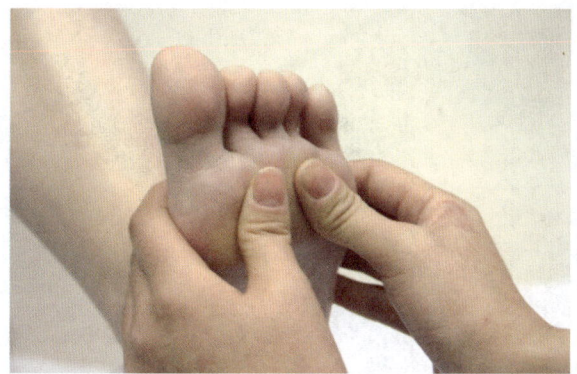

图 3—30　两手拇指分推脚掌

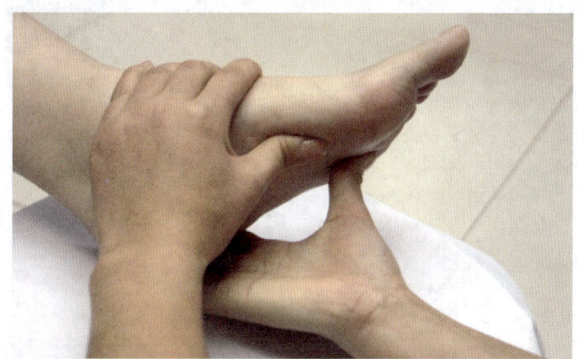

图 3—31　纵刮脚底 3 条线

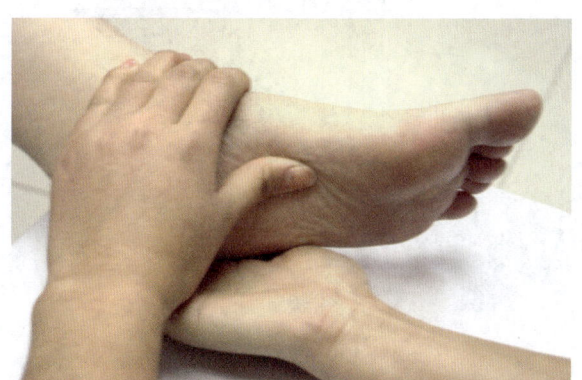

图 3—32　拇指顺时针旋磨脚心

13）横推脚跟部（见图 3—33）。

14）纵推脚内侧（见图 3—34）。

15）两手拇指分推脚内踝骨下缘凹陷处（见图 3—35）。

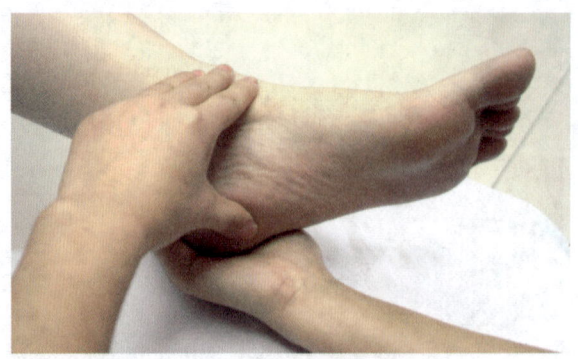

图3—33 横推脚跟部

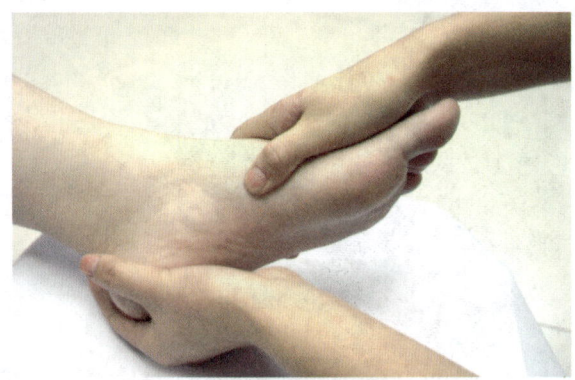

图3—34 纵推脚内侧

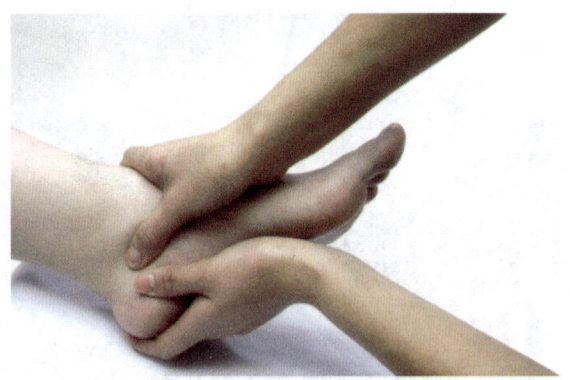

图3—35 分推脚内踝骨下缘凹陷处

16）纵推脚外侧（见图3—36）。

17）两手拇指分推脚外踝骨下缘凹陷处。

18）两手拇指推脚面至内踝（见图3—37）。

19）两手拇指推脚面至外踝前缘（见图3—38）。

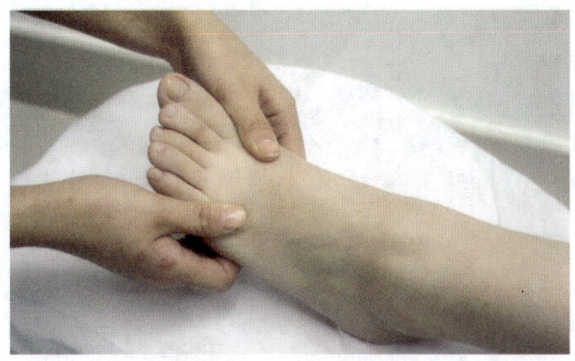

图 3—36 纵推脚外侧

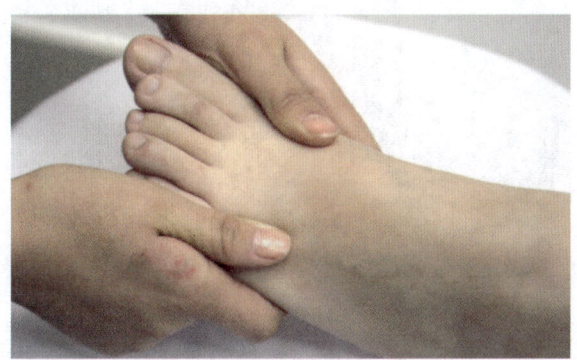

图 3—37 推脚面至内踝

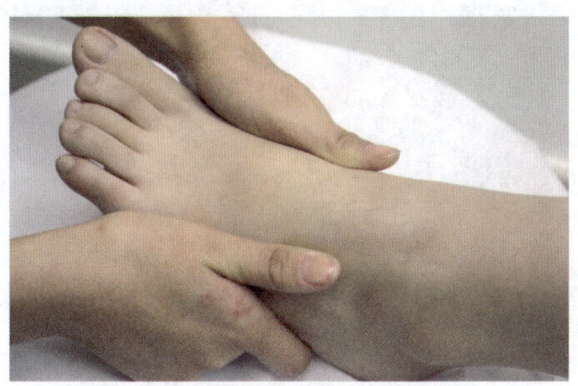

图 3—38 推脚面至外踝前缘

20）单手拇指下推外踝前缘（见图 3—39）。

21）单手拇指下推内踝前缘（见图 3—40）。

22）点揉脚底涌泉穴（见图 3—41）。

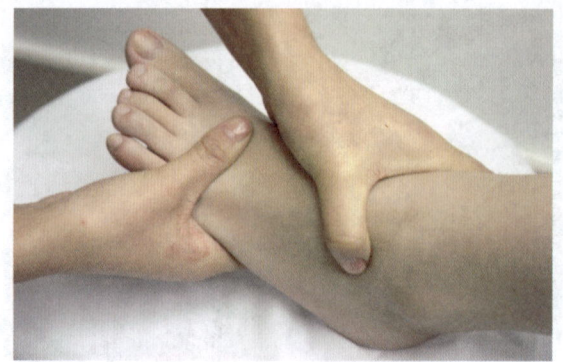

图 3—39 下推外踝前缘

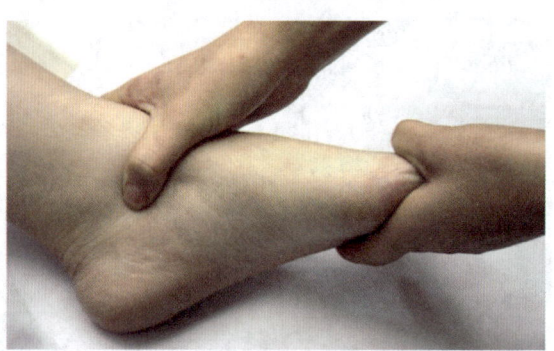

图 3—40 下推内踝前缘

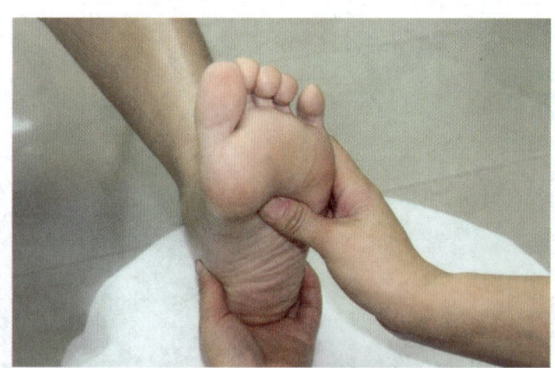

图 3—41 点揉脚底涌泉穴

23）拿揉放松小腿（见图 3—42）。

24）敲击小腿（见图 3—43）。

25）将左脚用毛巾包好，放在一侧。

（19）将顾客的右脚移出足浴盆，用毛巾擦干，重复步骤（17）~（18）。

（20）清洁双脚。

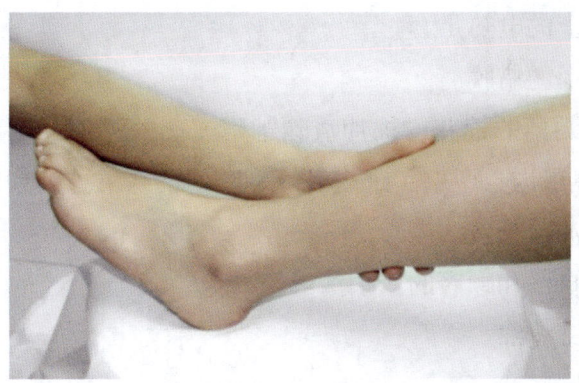

图 3—42 拿揉放松小腿

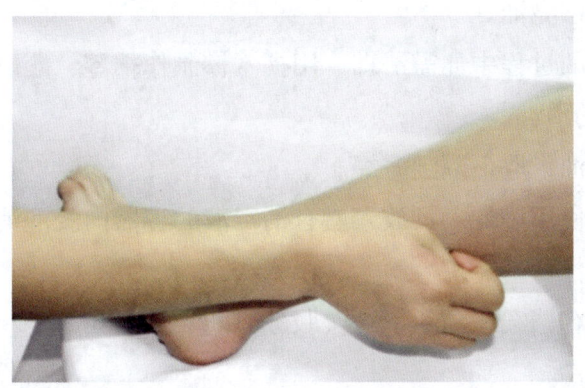

图 3—43 敲击小腿

（21）将双脚放入已套好一次性塑料袋的脚盆中。

（22）用小勺子舀出融好的蜜蜡，均匀地倒在脚上形成蜡膜足套。

（23）将双脚用保鲜膜或塑料袋套好。

（24）戴上电热足套，接通电源，保温 10 min（见图 3—44）。

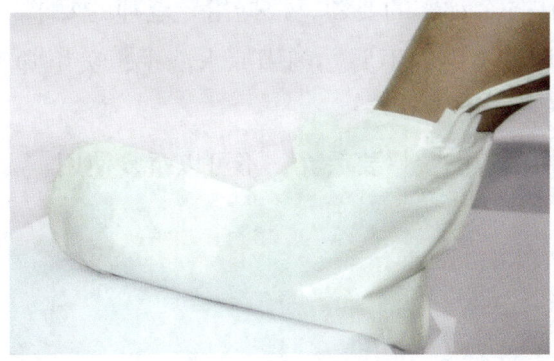

图 3—44 戴上电热足套

（25）除去脚上的电热足套。

（26）除去脚上的蜡膜。

（27）用蘸有酒精的棉花或棉片清除趾甲表面的浮油，用橘木棒制作棉签，蘸取酒精清洁趾甲甲沟、甲壁、趾皮后缘和趾甲前缘下方的残留油渍。

（28）涂抹甲油前收费。

（29）再次给自己和顾客的双手消毒。

（30）戴上隔趾海绵。

（31）涂抹一层底油。

（32）涂抹两层彩色甲油。

（33）涂抹一层亮油。

（34）涂甲油的过程中如需清理，用橘木棒制作棉签，蘸取洗甲水，清理涂到趾甲表面以外的甲油。

（35）晾干甲油，取下隔趾海绵。

（36）把所有使用过的工具放入盛有消毒液的容器内浸泡消毒。

（37）清理工作台。

（38）建立顾客档案，预约下一次服务时间。

5. 注意事项

（1）在足护理开始前，要询问顾客的血压是否正常。按摩时要根据顾客的要求施加力度，手法须熟练，前后动作要连贯。

（2）从左足开始按摩，根据人体生理结构，左侧带有磁性引力，右侧带有电。磁性引力易于接受外来刺激。

（3）美甲师在给顾客按摩时要根据不同的部位增减力度，以免出现不良反应。美甲师必须记住各个动作的要领，根据指导老师的要求，按顺序来做。

（4）服务结束后，美甲师不要立刻用凉水洗手；美甲师和顾客每人要喝一杯温开水。

（5）足护理中使用过的蜜蜡要丢弃，不可以重复使用。

职业模块

人造指甲的制作和卸除

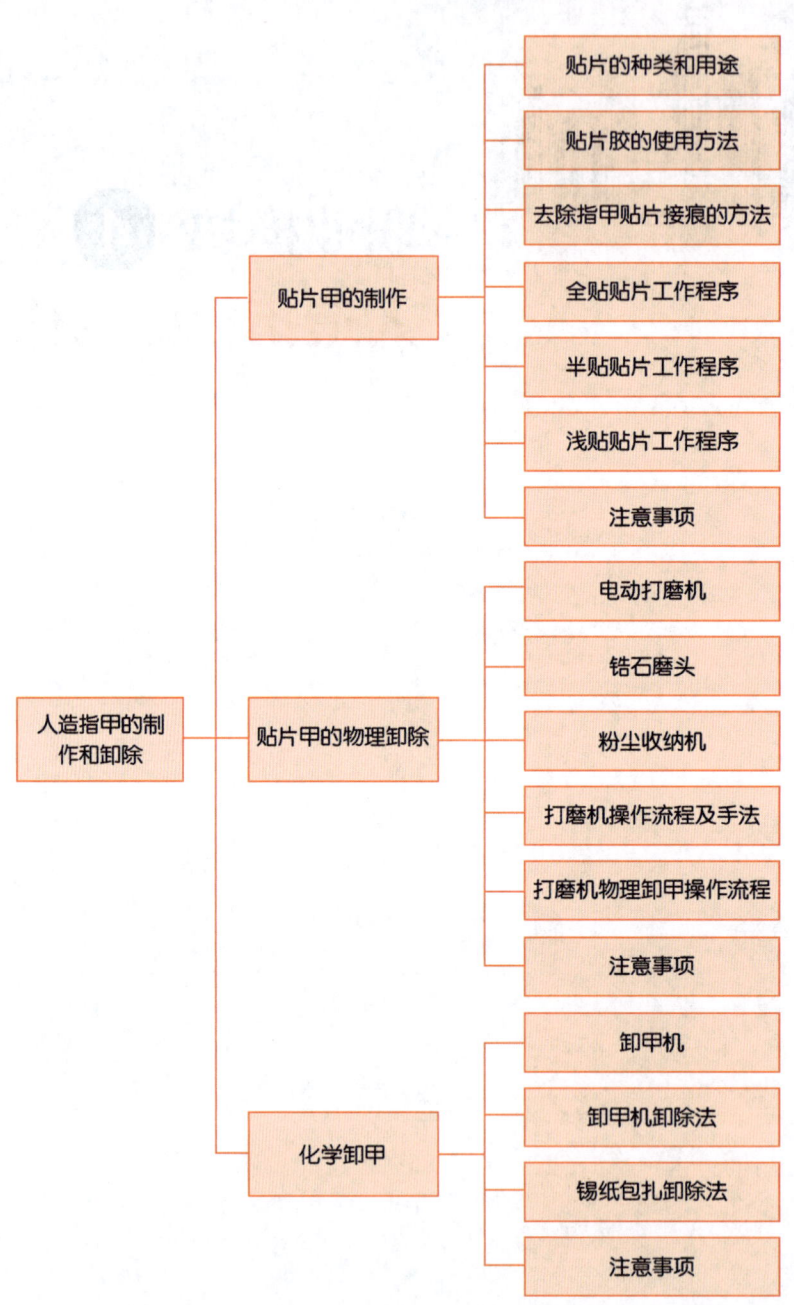

职业模块 4　人造指甲的制作和卸除

培训项目 1　贴片甲的制作

一、贴片的种类和用途

1. 贴片的种类

（1）根据结合方式分，有全贴贴片、浅贴贴片、半贴贴片，如图4—1所示。

全贴贴片

浅贴贴片、半贴贴片

图4—1　贴片的种类（根据结合方式分）

（2）根据色彩分，有透明色、自然色、彩色。

（3）根据用途分，有造型贴片、法式贴片、彩绘贴片、3D贴片。

2. 贴片的用途

（1）改变原有自然指甲的外观和形状，根据个人喜好修补和装饰自然指甲。

（2）帮助纠正啃咬指甲的不良习惯，同时，保护薄软的自然指甲，避免撕裂或破损。

二、贴片胶的使用方法

贴片胶（见图4—2）是一种能使指甲贴片粘贴在自然指甲上的化学物质，通常是黏稠状液体。使用贴片胶时要先刻磨指甲贴片的背面，以增加黏合的强度，然后再往贴片槽里注入一滴贴片胶，使贴片的后缘和自然指甲粘贴在一起。

图4—2 贴片胶

三、去除指甲贴片接痕的方法

1. 人工去接痕法

利用打磨工具（如180号打磨砂条或电动打磨机）将指甲贴片与自然指甲的接合处打磨光滑，注意不要磨伤自然指甲。

2. 化学去接痕法

采用特殊的化学溶解剂，使贴片接痕溶化后用抛光条磨除。

四、全贴贴片工作程序

1. 服务项目
全贴贴片指甲,服务时间 60 min。

2. 服务用品
消毒液(浓度41%的福尔马林)、消毒液容器、毛巾、垫枕、浓度75%的酒精、棉花(片)、棉花容器、洗甲水、橘木棒、小镊子、指甲刀、180号打磨砂条、粉尘刷、浸手碗、护理浸液、指皮软化剂、指皮推、V形推叉、指皮剪、全贴贴片、贴片胶、U形剪、彩色甲油、亮油、一次性纸巾、废物袋。

3. 工作准备
(1)消毒工作台。
(2)从消毒柜中取出干净的毛巾铺在工作台上,卷起一块毛巾或用固定垫枕垫在毛巾下顾客的手腕处。
(3)准备好已消毒的工具和用品。
(4)清洁自己和顾客的双手。
(5)总是从左手到右手,从每只手的小指开始操作。
(6)给顾客的双手做好自然指甲基本护理(从消毒至剪完双手指皮)。

4. 操作步骤
(1)用180号打磨砂条轻轻在指甲表面刻磨出细小划痕,以增大黏合接触面积。
(2)用粉尘刷清除干净指甲表面和甲沟内的粉尘。
(3)选择好与指甲甲床宽度相适合的10个全贴贴片,修整每个贴片后缘的形状,使之与每个指甲后缘的形状相符合。
(4)在贴片背面滴上贴片胶(见图4—3)。
(5)手指捏住贴片的前缘,以45°角将贴片后缘顶在自然指甲后缘处,将贴片向指甲前缘方向压在自然指甲表面,校正歪斜后按压5 s,尽量将气泡挤出(见图4—4)。
(6)如需清理,应立刻用橘木棒刮除溢出的胶水。
步骤(4)~(6)需要在一个指甲上完成后再进行下一个指甲的操作。

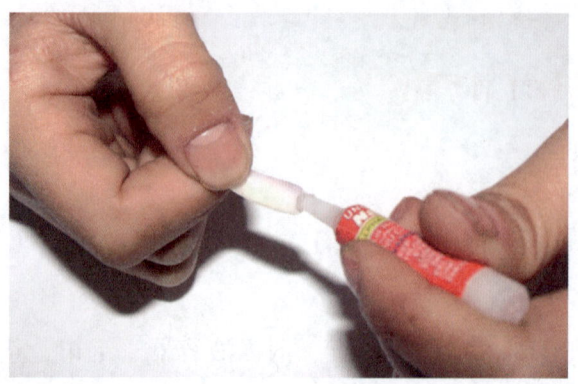

图 4—3 滴贴片胶

图 4—4 粘贴片

（7）根据顾客的要求，使用 U 形剪修剪贴片前缘的长度。

（8）用 180 号打磨砂条打磨、修整贴片前缘形状。

（9）用粉尘刷清除干净指甲表面和甲沟内的粉尘。

（10）用蘸有酒精的棉花或棉片清洁指甲表面。

（11）涂抹甲油前收费。

（12）再次给自己和顾客的双手消毒。

（13）根据全贴贴片的种类，选择涂抹两层彩色甲油和一层亮油，或只涂抹一层亮油（见图 4—5）。

（14）涂甲油的过程中如需清理，则用橘木棒制作棉签，蘸取洗甲水，清理涂到指甲表面以外的甲油。

（15）把所有使用过的工具放入盛有消毒液的容器内浸泡消毒。

（16）清理工作台。

（17）建立顾客档案，预约下一次服务时间。

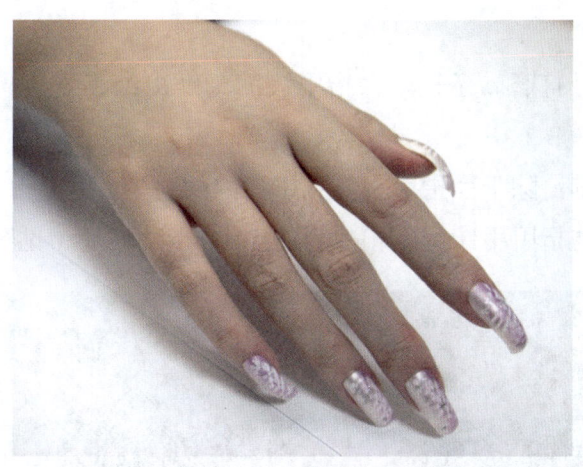

图 4—5 全贴贴片完成图

五、半贴贴片工作程序

1. 服务项目

半贴贴片指甲,服务时间 60 min。

2. 服务用品

消毒液(浓度 41% 的福尔马林)、消毒液容器、毛巾、垫枕、浓度 75% 的酒精、棉花(片)、棉花容器、洗甲水、橘木棒、小镊子、指甲刀、180 号打磨砂条、粉尘刷、浸手碗、护理浸液、指皮软化剂、指皮推、V 形推叉、指皮剪、半贴贴片、贴片胶、U 形剪、接痕溶解剂、营养油、抛光块(条)、彩色甲油、亮油、一次性纸巾、废物袋。

3. 准备步骤

(1)消毒工作台。

(2)从消毒柜中取出干净的毛巾铺在工作台上,另卷起一块毛巾或用固定垫枕垫在毛巾下顾客的手腕处。

(3)准备好已消毒的工具和用品。

(4)清洁自己和顾客的双手。

(5)总是从左手到右手,从每只手的小指开始操作。

(6)给顾客的双手做好自然指甲基本护理(从消毒至剪完双手指皮)。

4. 操作步骤

（1）用180号打磨砂条轻轻在指甲表面刻磨出细小划痕，以增大黏合接触面积。

（2）用粉尘刷清除干净指甲表面和甲沟内的粉尘。

（3）选择好与指甲甲床宽度相适合的10个半贴贴片（见图4—6）。

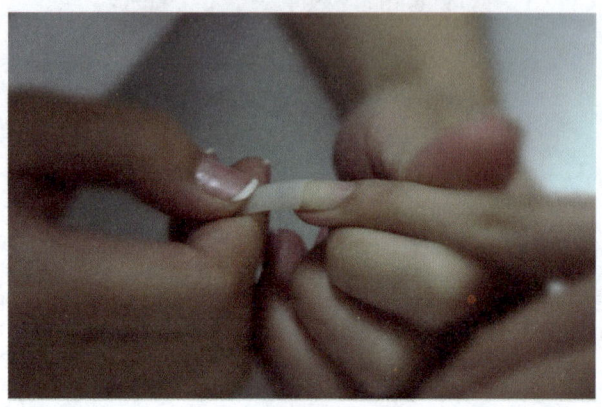

图4—6 选择半贴贴片

（4）在贴片背面涂上贴片胶（见图4—7）。

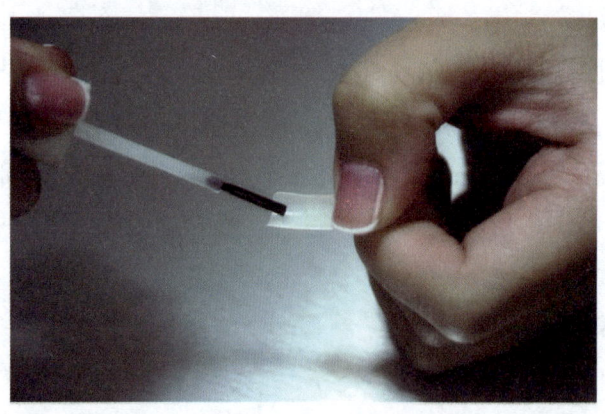

图4—7 涂贴片胶

（5）手指捏住贴片的前缘，将贴片槽卡在指甲前缘处与指甲表面形成45°角，将贴片向指甲后缘方向压在自然指甲表面，校正歪斜后按压5 s，尽量将气泡挤出（见图4—8）。

（6）如需清理，应立刻用橘木棒刮除溢出的胶水。

步骤（4）~（6）需要在一个指甲上完成后再进行下一个指甲操作。

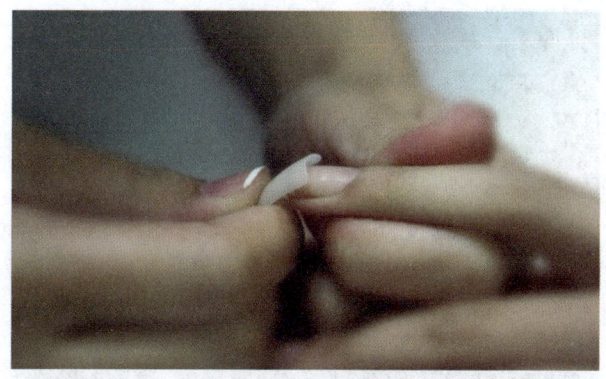

图 4—8　粘贴片

（7）根据顾客的要求，使用 U 形剪修剪贴片前缘的长度（见图 4—9）。

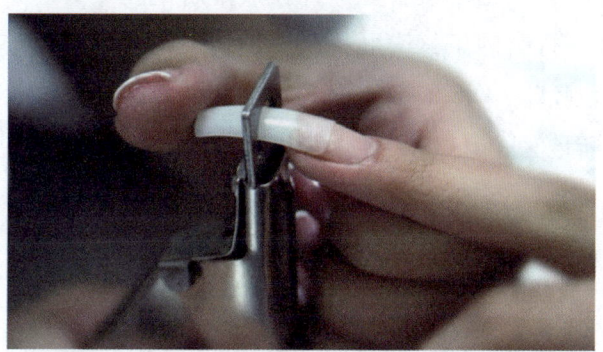

图 4—9　修剪贴片前缘长度

（8）用 180 号打磨砂条打磨、修整贴片前缘形状（见图 4—10）。

图 4—10　修整贴片前缘形状

（9）用粉尘刷清除干净指甲表面和甲沟内的粉尘（见图 4—11）。

图 4—11 除尘

（10）在贴片与自然指甲接合处涂抹接痕溶解剂。

（11）用 180 号打磨砂条打磨贴片与自然指甲结合处的接痕。

（12）用粉尘刷清除干净指甲表面和甲沟内的粉尘。

（13）在指甲后缘处涂抹营养油（见图 4—12）。

图 4—12 涂抹营养油

（14）轻轻按摩后缘指皮。

（15）用抛光块（条）由粗到细对指甲表面进行抛光（见图 4—13）。

（16）用蘸有酒精的棉花或棉片清除指甲表面的浮油，并用橘木棒制作棉签，蘸取酒精，清洁指甲甲沟、甲壁、指皮后缘和指甲前缘下方的残留油渍。

（17）涂抹甲油前收费。

（18）再次给自己和顾客的双手消毒。

（19）涂抹两层彩色甲油。

图 4—13 抛光

（20）涂抹一层亮油。

（21）涂甲油的过程中如需清理，用橘木棒制作棉签，蘸取洗甲水，清理涂到指甲表面以外的甲油。

（22）把所有使用过的工具放入盛有消毒液的容器内浸泡消毒。

（23）清理工作台。

（24）建立顾客档案，预约下一次服务时间。

六、浅贴贴片工作程序

1. 服务项目

浅贴贴片指甲，服务时间 45 min。

2. 服务用品

消毒液（浓度41%的福尔马林）、消毒液容器、毛巾、垫枕、浓度75%的酒精、棉花（片）、棉花容器、洗甲水、橘木棒、小镊子、指甲刀、180号打磨砂条、粉尘刷、浸手碗、护理浸液、指皮软化剂、指皮推、V形推叉、指皮剪、浅贴贴片、贴片胶、营养油、抛光块（条）、彩色甲油、亮油、底胶、透明凝胶、封层胶、凝胶灯、一次性纸巾、废物袋。

3. 工作准备

（1）消毒工作台。

（2）从消毒柜中取出干净的毛巾铺在工作台上，另卷起一块毛巾或用固定垫枕垫在毛巾下顾客的手腕处。

（3）准备好已消毒的工具和用品。

（4）清洁自己和顾客的双手。

（5）总是从左手到右手，从每只手的小指开始操作。

（6）给顾客的双手做好自然指甲基本护理（从消毒至剪完双手指皮）。

4. 操作步骤

（1）用180号打磨砂条修整好指甲前缘。

（2）用粉尘刷清除干净指甲表面和甲沟内的粉尘。

（3）选择好与指甲甲床宽度相适合的10个浅贴贴片（见图4—14）。

（4）在贴片背面涂上贴片胶。

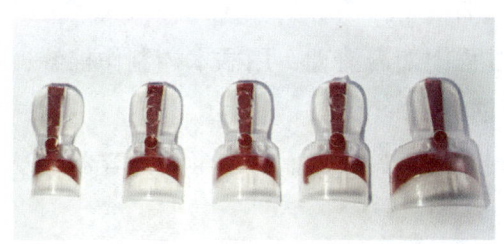

图4—14 选择浅贴贴片

（5）手指捏住贴片的前缘，将贴片槽卡在指甲前缘处与指甲表面形成45°角，将贴片向指甲后缘方向压在自然指甲表面，校正歪斜后按压5 s，尽量将气泡挤出。

（6）如需清理，应立刻用橘木棒刮除溢出的胶水。

步骤（4）~（6）需要在一个指甲上完成后再进行下一个指甲操作。

（7）剪掉前缘处的多余部分，用180号打磨砂条打磨、修整贴片前缘形状。

（8）在指甲表面涂上底胶，照灯。

（9）在指甲后缘处涂抹营养油。

（10）打磨抛光指甲表面，涂封层、照灯。

效果图如图4—15所示。

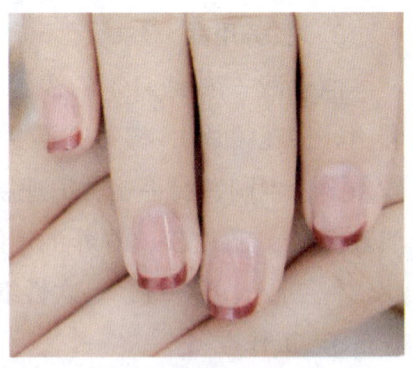

图4—15 效果图

七、注意事项

1. 使用全贴贴片、半贴贴片、浅贴贴片制作贴片甲的过程中，操作方法的不同点在于贴片粘贴的方式不同，操作时应予以注意和区别处理。

2. 浅贴贴片的操作步骤与半贴贴片完全一致，只是浅贴贴片凹槽盖住指甲前缘，而半贴贴片凹槽盖住甲板的 1/3。

3. 一般的浅贴贴片在贴片后部都需要补水晶粉或者凝胶。

4. 使用无凹槽浅贴贴片，可以避免胶水流入指芯的问题。

5. 及时清理贴片胶是非常重要的环节，可以避免胶水流入甲沟。如果甲沟内存有胶水，顾客会感到很不舒服。

6. 浅贴贴片和半贴贴片去除接痕的方法不一样，浅贴贴片的接痕去除方法是从指甲后缘位置补一层凝胶或水晶粉，然后打磨抛光。

培训项目 2 贴片甲的物理卸除

自然指甲由多层角蛋白质组成,硬性剥离会给自然甲造成伤害,给顾客留下指甲变薄的印象,因而美甲师应有责任告诉顾客不要自行硬性脱甲,应由专业人员操作。

一、电动打磨机

1. 打磨机的分类

(1)电源分类

1)直插电源式打磨机。

2)充电式打磨机。

(2)转速分类

1)500~25 000 r/min。

2)500~30 000 r/min。

2. 打磨机的主要结构

(1)操作台(见图4—16)。

(2)手柄(见图4—17)。

(3)换头锁定圈(见图4—18)。

(4)手柄防滑圈(见图4—19)。

(5)三瓣咬合圈(见图4—20)。

3. 三瓣咬合圈调整和保存的方法

(1)三瓣咬合圈过紧或过松可用镊子微调(见图4—21)。

职业模块 4　人造指甲的制作和卸除

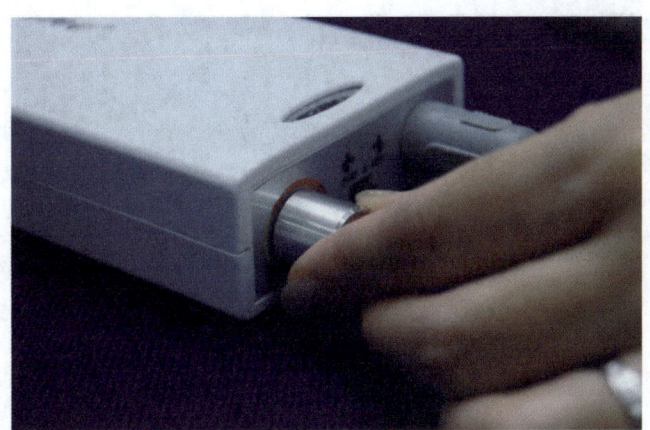

图 4—16　操作台

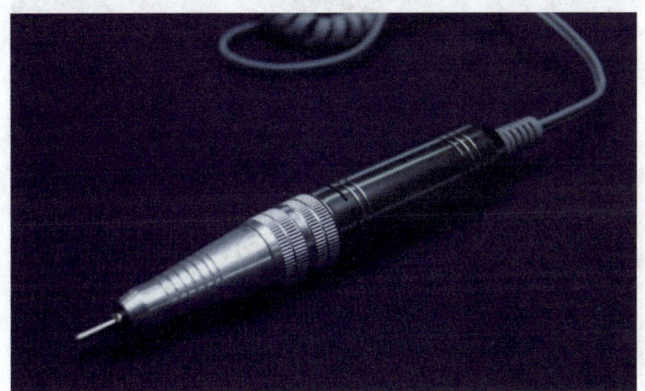

图 4—17　手柄

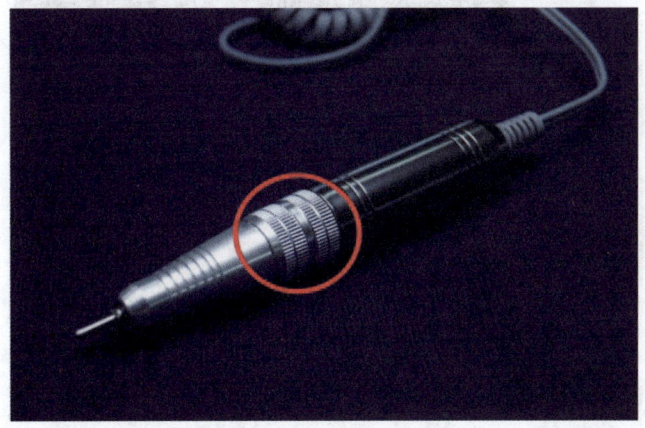

图 4—18　换头锁定圈

图 4—19　手柄防滑圈

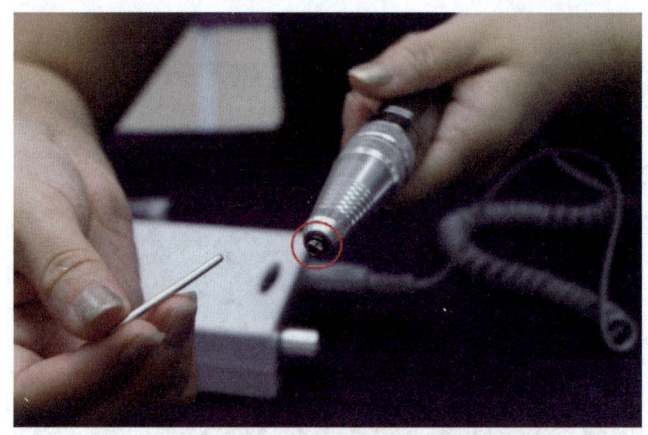

图 4—20　三瓣咬合圈

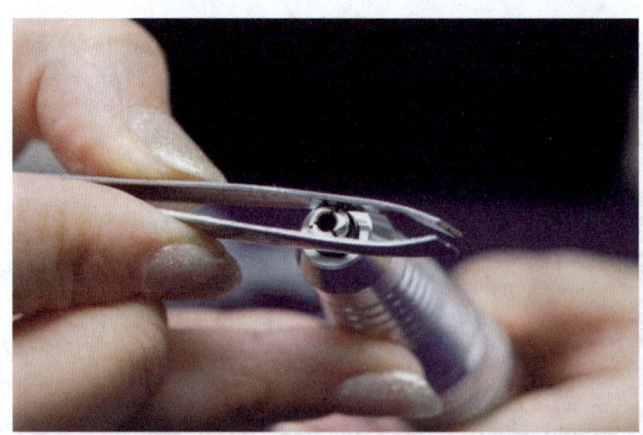

图 4—21　用镊子调整三瓣咬合圈

（2）打磨机使用完取出磨头后，须再插入原配金属棒锁定后收纳（见图 4—22）。

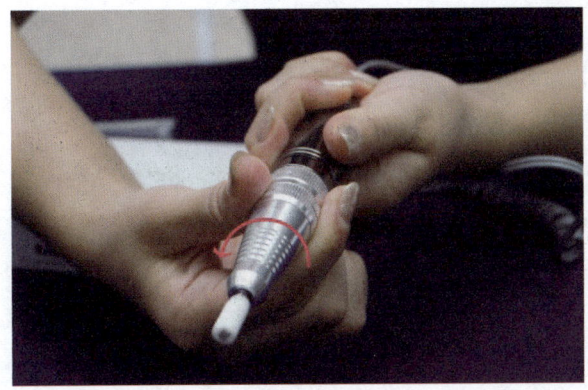

图 4—22 插入原配金属棒锁定后收纳

4. 电动打磨机换磨头的操作步骤

（1）关闭电动打磨机电源（见图 4—23）。

图 4—23 关闭电动打磨机电源

（2）拧开换头锁定圈（见图 4—24）。

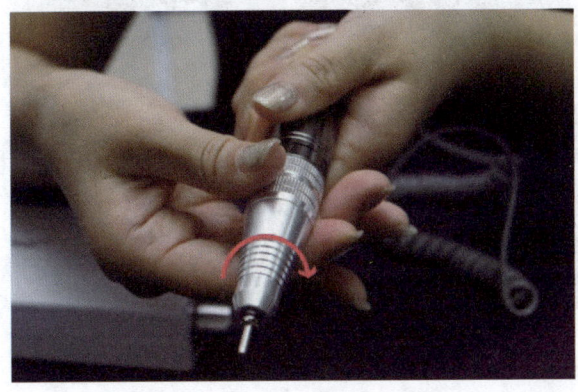

图 4—24 拧开换头锁定圈

（3）拔出金属棒（见图4—25）。

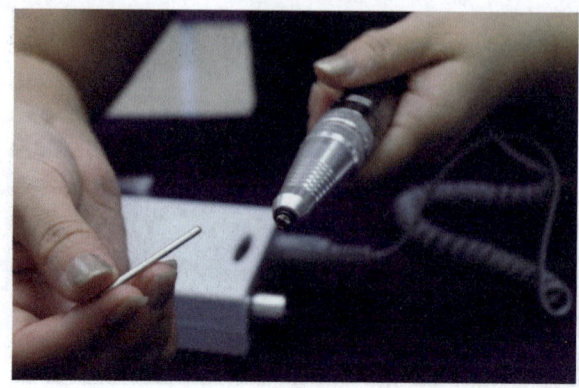

图4—25　拔出金属棒

（4）插入磨头（见图4—26）。

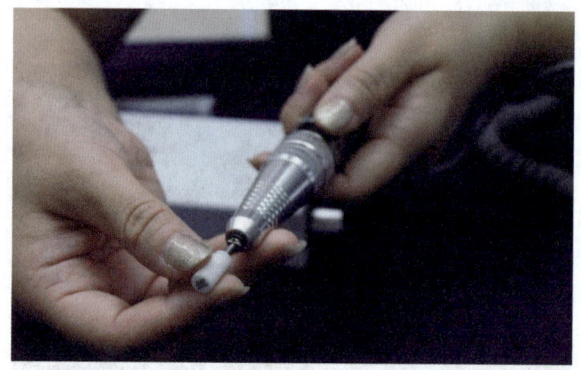

图4—26　插入磨头

（5）拧紧换头锁定圈（见图4—27）。

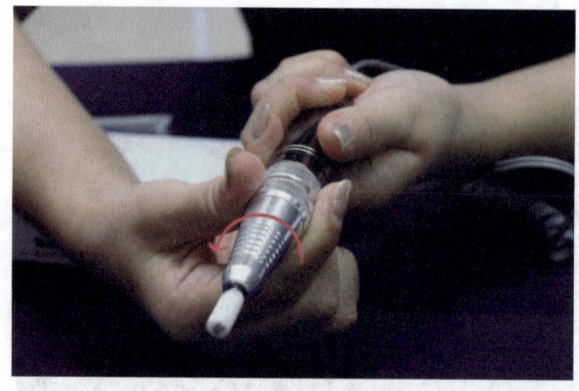

图4—27　拧紧换头锁定圈

二、锆石磨头

1. 锆石磨头（见图 4—28）的优点

（1）高硬度：超持久磨削力，超长使用寿命。

（2）高密度：超强抗菌性，不易残留、滋生细菌。

（3）低传热：高速旋转不容易发烫发热、灼伤手指。

（4）清洁方便：水冲式清洗，方便简易、快速脱屑。

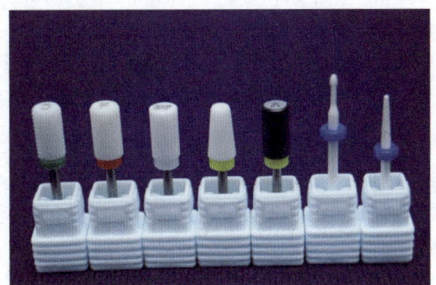

图 4—28 锆石磨头

2. 锆石磨头的分类及作用

（1）去角质磨头（小球头形）。用于磨除指缘及周边或手部的死皮和硬茧，必须沾水操作（见图 4—29）。

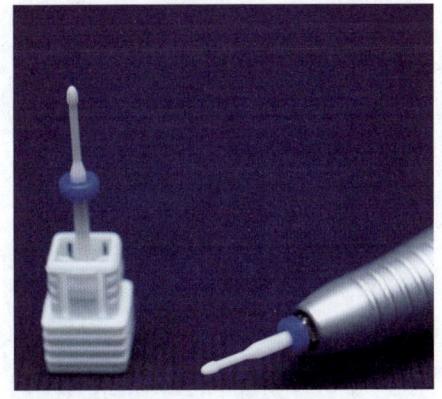

图 4—29 去角质磨头

（2）甲前缘底部（简称"甲底"）清洁磨头。用于磨除真甲前缘甲缝甲底的污垢或色素残留，也可用于修磨人工甲前缘底部凹凸面或甲缝里残留的胶水、凝胶等（见图 4—30）。

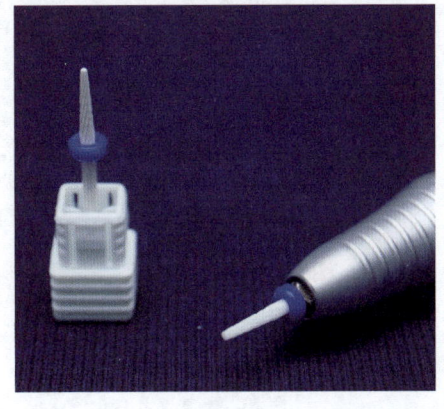

图 4—30 甲底清洁磨头

（3）刻磨磨头——圆柱形（A号）。用于制作人工甲前对真甲的刻磨。0.03 mm可控式的刻磨深度可大大降低对真甲的伤害（见图4—31）。

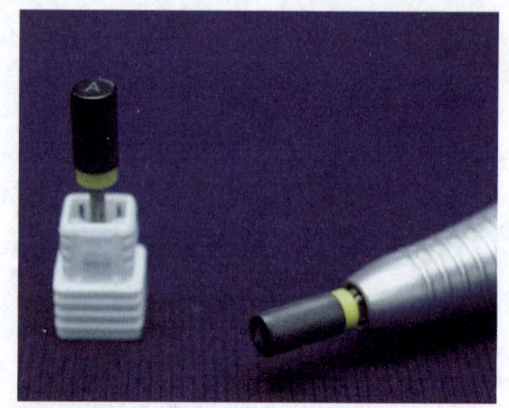

图4—31 刻磨磨头——圆柱形（A号）

（4）粗磨磨头——圆柱形（C号）。用于人工甲甲面的卸除或修形、打磨，磨削力较大（见图4—32）。

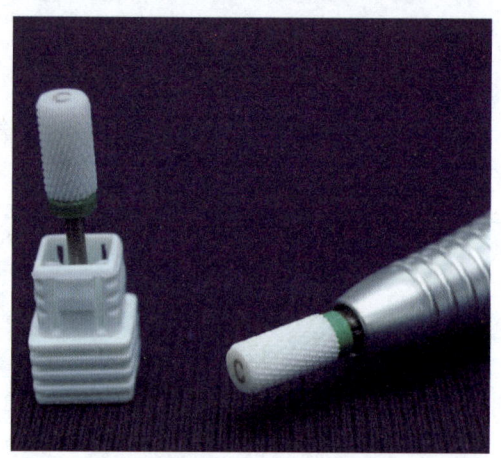

图4—32 粗磨磨头——圆柱形（C号）

（5）细磨磨头——圆柱形（F号）。用于人工甲甲面的卸除或修形、打磨，磨削力较小（见图4—33）。

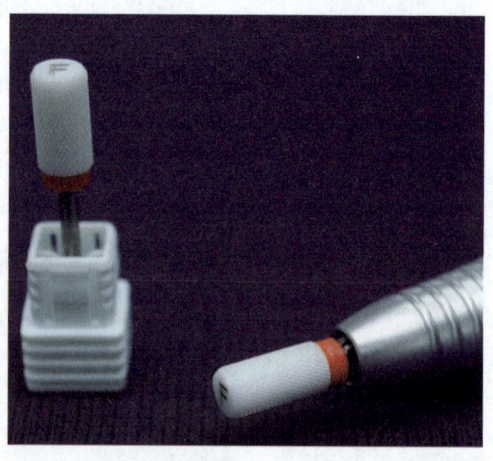

图4—33 细磨磨头——圆柱形（F号）

（6）细磨磨头——圆梯形（XF号）。用于人工甲指缘周边的打磨或卸除，切削力较小，可有效磨除指缘的接痕。梯形头部分采用安全设计，即使接触到指缘皮肤，也不会造成皮肤伤害（见图4—34）。

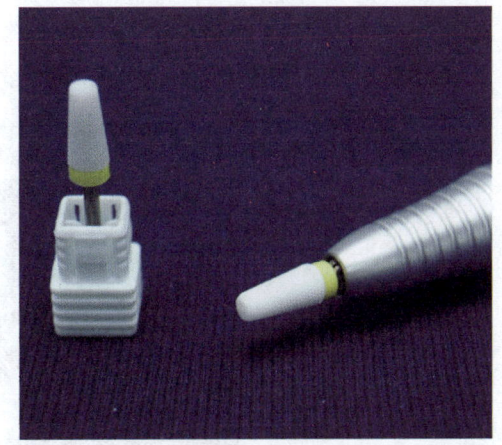

图4—34 细磨磨头——圆梯形（XF号）

（7）精抛磨头——圆柱形（3XF号）。用于人工甲甲面的卸除或修形、打磨，磨削力非常小，可有效去除真甲或人工甲甲面的粗糙划痕（见图4—35）。

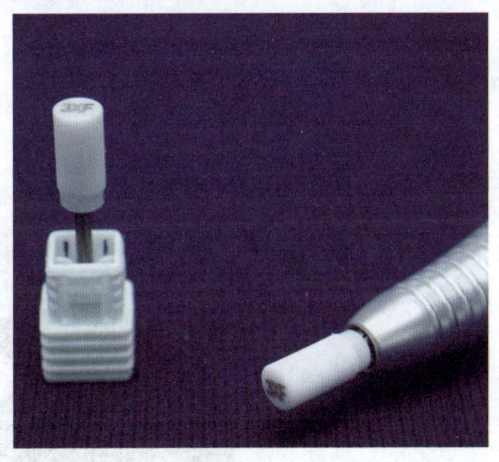

图4—35 精抛磨头——圆标形（3XF号）

（8）粉尘刷头。用于清理手部、足部的粉尘或其他磨头的粉尘清洁。

（9）锆石磨棒。用于打磨修形，使用寿命长（见图4—36）。

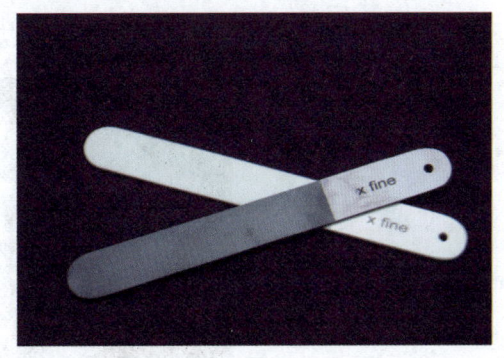

图4—36 锆石磨棒

3. 锆石磨头的清洗

（1）浸泡。锆石磨头用完后放入清水中浸泡 10 min 后拿出，冲洗干净，用酒精、消毒液或紫外线消毒（见图 4—37）。

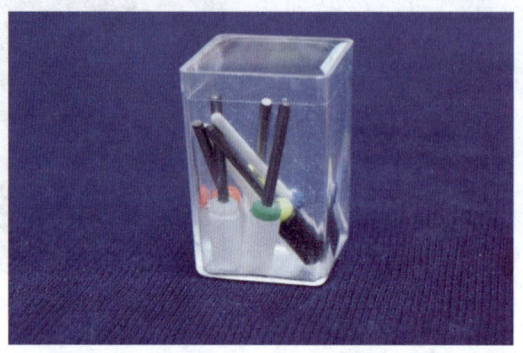

图 4—37　浸泡

（2）刷洗。用打磨机换上粉尘刷头刷除干净，用酒精、消毒液或紫外线消毒（见图 4—38）。

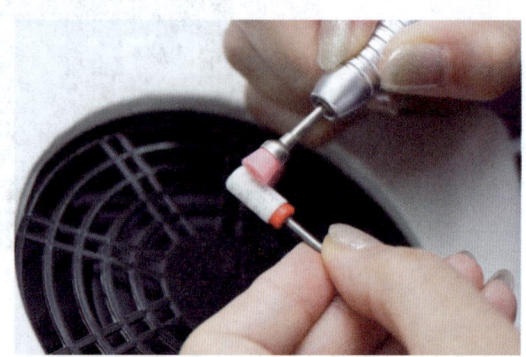

图 4—38　刷洗

（3）用纸巾擦干锆石磨头（见图 4—39）。

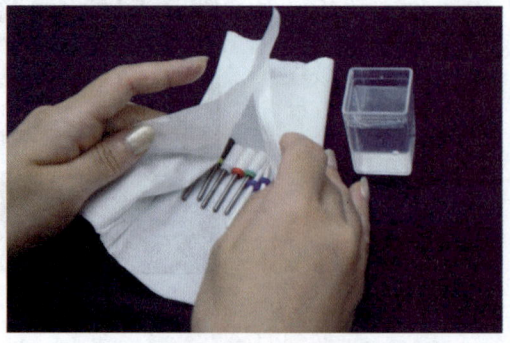

图 4—39　擦干

（4）喷洒酒精或消毒液（见图4—40）。

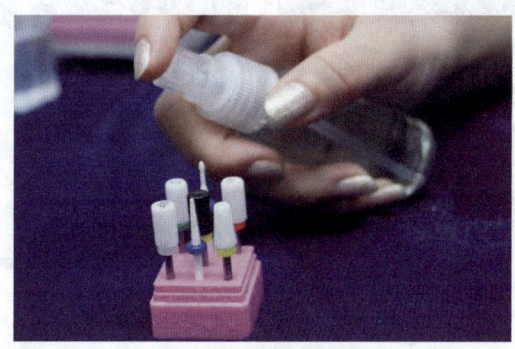

图4—40 消毒

三、粉尘收纳机

1. 粉尘收纳机的作用

粉尘收纳机（简称"粉尘机"）配合打磨机使用，可有效吸附打磨过程中产生的粉尘，减少粉尘污染（见图4—41）。

图4—41 粉尘机

2. 粉尘机的使用和清洁

（1）开关控制键（见图4—42）。

（2）无纺布袋。无纺布袋可换洗（见图4—43）。

图 4—42 开关控制键

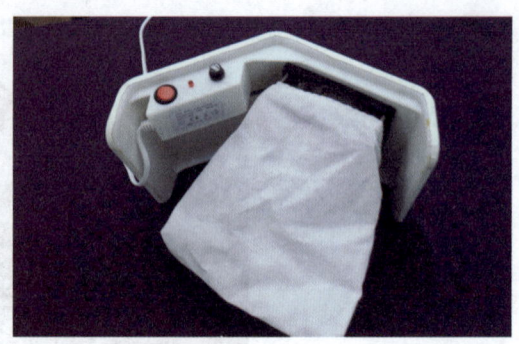
图 4—43 无纺布袋

四、打磨机操作流程及手法

1. 打磨机基本操作手法

（1）握笔。握手柄的姿势同平时握笔姿势一样（简称"握笔"），需握在防滑圈部位，防止打滑（见图 4—44）。

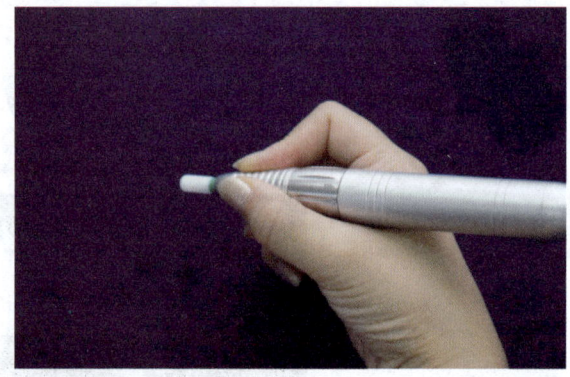
图 4—44 握笔

（2）走笔。打磨机旋转时磨头贴合需打磨的部位并反复拉动手柄（见图 4—45）。

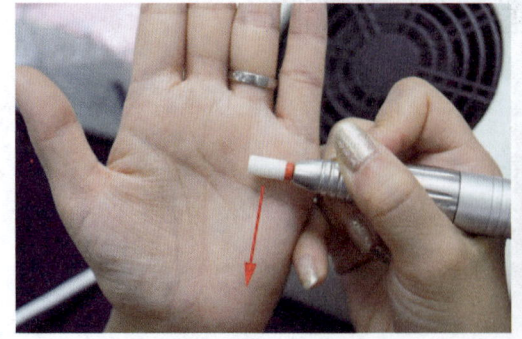
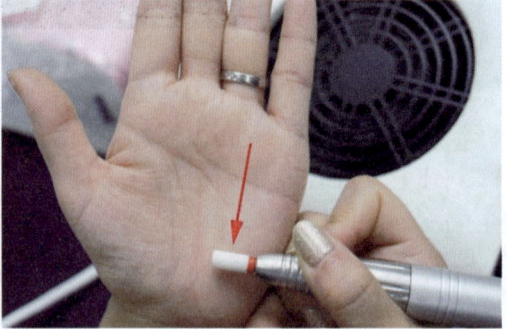
图 4—45 走笔

（3）反方向走笔。与转向相反的方向拉动手柄，一般用于打磨甲面或角质

（见图4—46）。

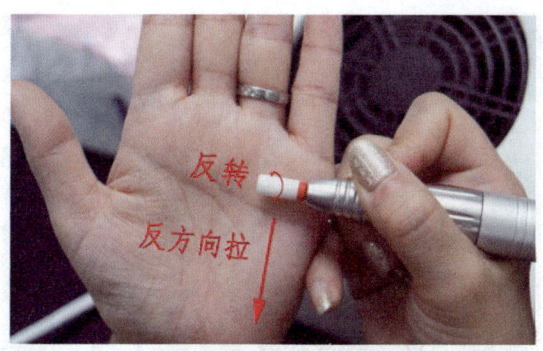

图4—46 反方向走笔

（4）同方向走笔。与转向相同的方向拉动手柄，一般用于打磨指甲前缘底部（见图4—47）。

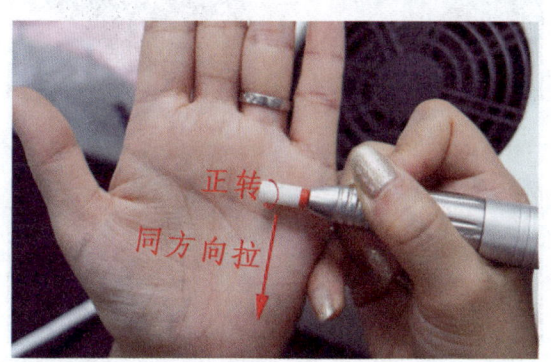

图4—47 同方向走笔

2. 走笔的几种手法

（1）三段式直线走笔（见图4—48）。

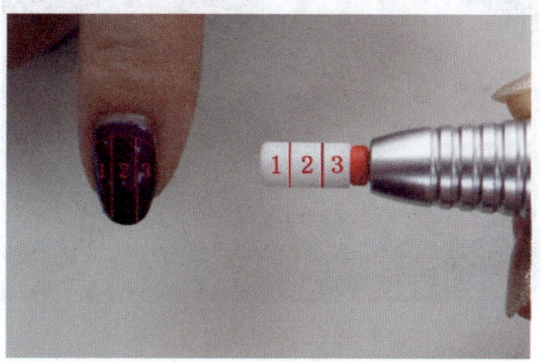

图4—48 三段式直线走笔

1)前段式直线走笔(见图4—49)。

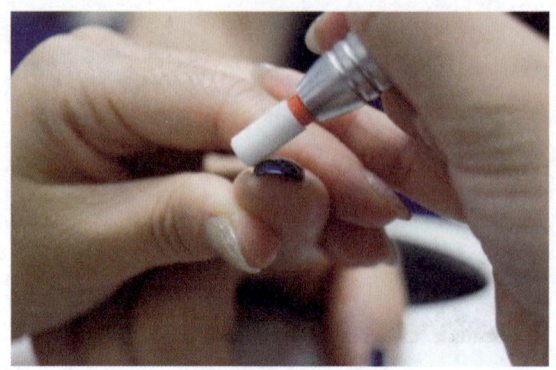

图4—49 前段式直线走笔

2)中段式直线走笔(见图4—50)。

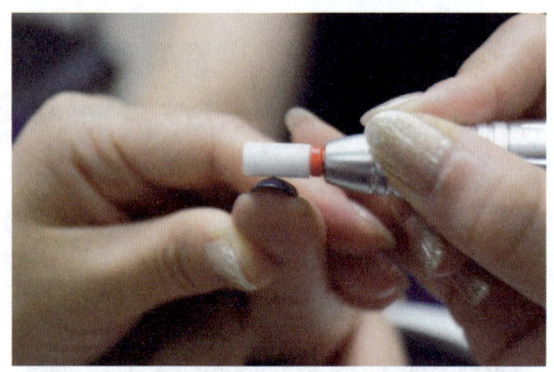

图4—50 中段式直线走笔

3)后段式直线走笔(见图4—51)。

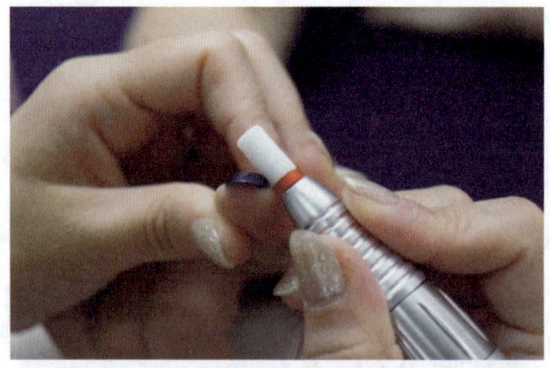

图4—51 后段式直线走笔

(2)前段式弧线走笔(见图4—52)。

职业模块 4　人造指甲的制作和卸除

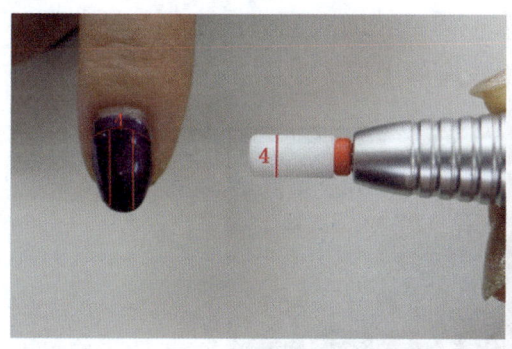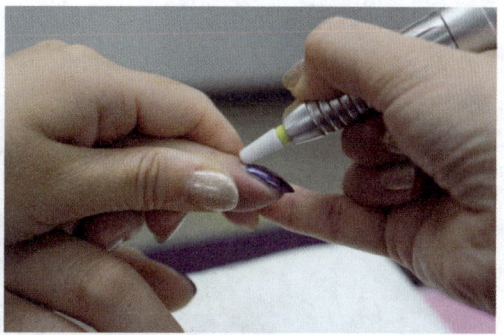

图 4—52　前段式弧线走笔

（3）贴合式弧线走笔（见图 4—53）。

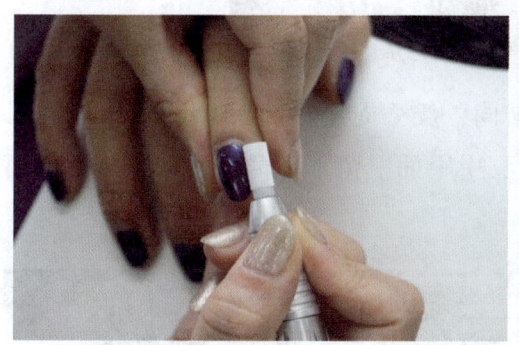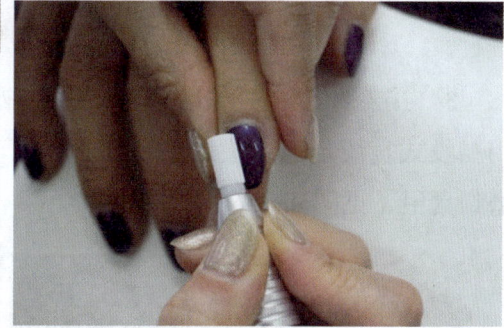

图 4—53　贴合式弧线走笔

五、打磨机物理卸甲操作流程

1. 观察指甲，根据需要卸除的凝胶甲厚度依次选择合适的磨头型号（见图 4—54）。

图 4—54　选择磨头型号

089

2. 去除甲油胶先选用F号细腻磨头，调整转向，反方向走笔，从指甲后缘往前缘，用三段式直线走笔手法，磨除较厚的上层（见图4—55）。

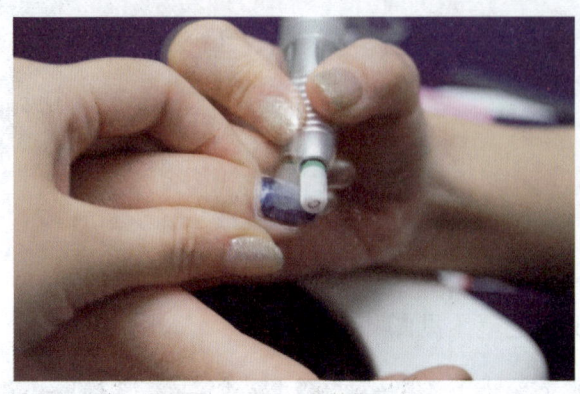

图4—55 磨除较厚的上层

3. 接着选用F号细磨磨头，调整转向，反方向走笔，从指甲后缘往前缘，用三段式直线走笔手法，不要磨到底，真甲甲面上留下薄薄的一层，千万不要磨到真甲（见图4—56）。

图4—56 反方向走笔

4. 若贴近后缘或甲沟部位的指甲面凝胶卸除清理不干净，可接着选用XF号圆梯形细磨磨头，调整转向，反方向走笔，从指缘右侧到左侧，用前段式弧线走笔，将凝胶磨除干净。后缘和两侧若已脱落或已清理干净的，此步可省略（见图4—57）。

5. 最后，选用3XF号细抛磨头，调整转向，反方向走笔，从指甲后缘往前缘，用三段式直线走笔手法，将最后薄薄一层彻底磨除（见图4—58）。

6. 用粉尘刷头除去甲面和指芯的粉尘（见图4—59）。

职业模块 4　人造指甲的制作和卸除

图 4—57　磨除凝胶

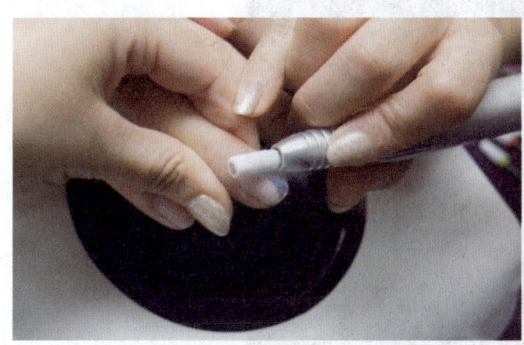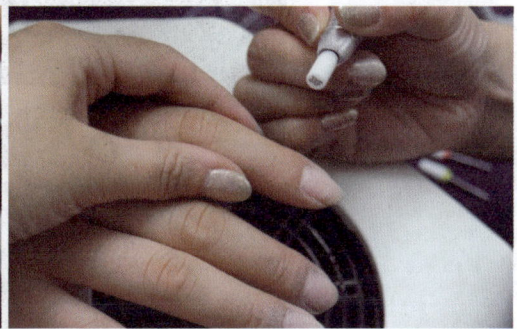

图 4—58　彻底磨除

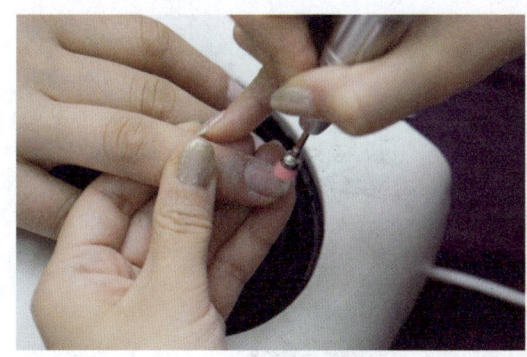

图 4—59　除去甲面和指芯粉尘

7. 营养油应涂抹在指缘及指皮上，使皮肤表面形成保护层，降低皮肤在卸甲过程中的脱水程度。

六、注意事项

1. 操作时需同时单向走笔，不能来回，以防止打滑。
2. 操作时不能停留，以防止磨头因高速运转产生高热灼伤甲床等情况。
3. 操作前准备

（1）准备好打磨机、工具和产品（见图4—60）。

图4—60　工作准备

（2）开始操作前，美甲师先在自己手心上走笔，感受转向、转速及传热等情况，以确保顾客的安全度、舒适度（见图4—61）。

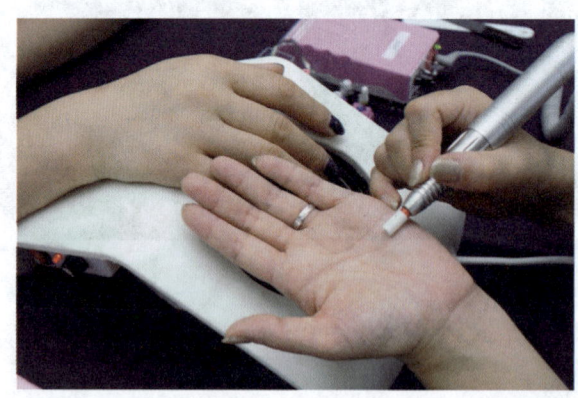

图4—61　手心上走笔

（3）让顾客在手心上同样感受一下，以确保顾客安心（见图4—62）。

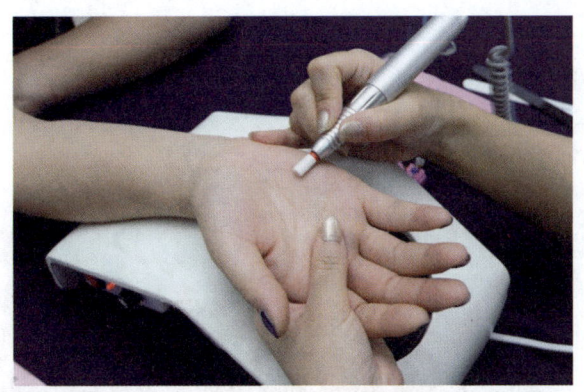

图 4—62 让顾客感受

（4）用延长胶或加固胶增厚的凝胶甲先选用 C 号粗磨磨头，调整转向，反方向走笔，从指甲后缘往前缘，用三段式直线走笔手法磨除较厚的上层。

培训项目 3 化学卸甲

一、卸甲机

超声波卸甲机(以下简称"卸甲机"),如图4—63所示。

图4—63 超声波卸甲机

卸甲机利用超声波在液体中不断振荡产生的许多微小的气泡,并使气泡不断地"爆炸",冲击自然指甲上的覆盖物,使覆盖物分裂成小颗粒,并脱离自然甲表面进入液体中。

卸甲机可清除指甲前缘处的深层污垢,但不会伤及指芯,适合指芯敏感的顾客使用。

化学卸甲是通过使用卸甲液去除指甲表面覆盖物的化学反应。

皮肤接触化学卸甲液后必须涂抹营养油,避免皮肤脱水干燥。

二、卸甲机卸除法

1. 服务项目

用卸甲机卸除贴片甲,服务时间 15 min。

2. 服务用品

消毒液(浓度 41% 的福尔马林)、消毒液容器、毛巾、垫枕、卸甲机、卸甲液、浓度 75% 的酒精、指甲刀、营养油、一次性纸巾、废物袋。

3. 准备步骤

(1)消毒工作台。

(2)从消毒柜中取出干净的毛巾铺在工作台上,另卷起一块毛巾或用固定垫枕垫在毛巾下顾客的手腕处。

(3)准备好已消毒的工具和用品。

(4)将卸甲液倒入卸甲机,接通卸甲机的电源,调整好浸泡时间待用。

(5)清洁自己和顾客的双手。

(6)总是从左手到右手,从每只手的小指开始操作。

4. 规范操作程序

(1)用浓度 75% 的酒精给自己和顾客的双手消毒。

(2)用指甲刀将所有的指甲贴片剪短至自然指甲前缘处。

(3)在顾客双手手指除指甲板以外的地方涂上营养油。

(4)请顾客把手指放入卸甲机里的卸甲液中,打开开关浸泡 3 ~ 5 min(见图 4—64)。

图 4—64 浸泡手指

（5）移出双手，清洗干净。

（6）收费。

（7）再次用浓度 75% 的酒精给自己和顾客的双手消毒。

（8）进行其他项目的服务。

三、锡纸包扎卸除法

1. 服务项目

锡纸包扎卸除贴片甲，服务时间 40 min。

2. 服务用品

消毒液（浓度 41% 的福尔马林）、消毒液容器、毛巾、垫枕、浓度 75% 的酒精、锡纸、棉花（片）、棉花容器、小剪刀、指甲刀、营养油、小镊子、卸甲液、橘木棒、指皮推、一次性纸巾、废物袋。

3. 准备步骤

（1）消毒工作台。

（2）从消毒柜中取出干净的毛巾铺在工作台上，卷起一块毛巾或用固定垫枕垫在毛巾下顾客的手腕处。

（3）准备好已消毒的工具和用品。

（4）裁剪 10 片合适大小的锡纸待用。

（5）裁剪 10 片指甲板大小的棉花片待用。

（6）清洁自己和顾客的双手。

（7）总是从左手到右手，从每只手的小指开始操作。

4. 规范操作程序

（1）用浓度 75% 的酒精给自己和顾客的双手消毒。

（2）用指甲刀将所有的指甲贴片剪短至自然指甲前缘处。

（3）在顾客双手手指除指甲板以外的地方涂上营养油。

（4）用小镊子夹起棉花片，浸满卸甲液后依次贴敷在 10 个手指的指甲板上。

（5）将手指包上锡纸，裹紧 10 个指甲 15～20 min（见图 4—65）。

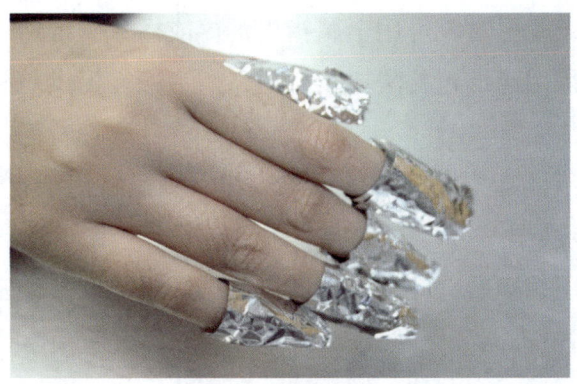

图 4—65 包锡纸

（6）去除锡纸和棉花片。

（7）用指皮推或橘木棒刮除指甲贴片。

步骤（6）~（7）应在一个指甲上完成后再进行下一个指甲操作（见图 4—66）。

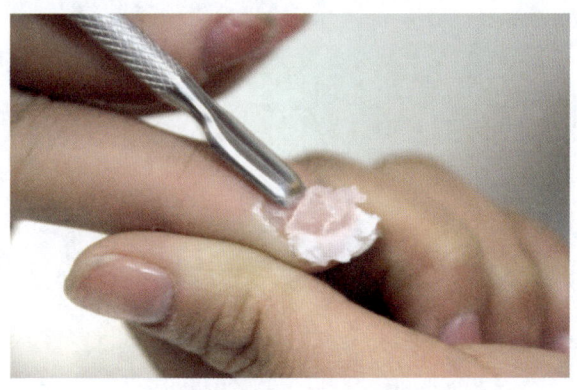

图 4—66 刮除贴片

（8）清洗双手。

（9）收费。

（10）再次用浓度 75% 的酒精给自己和顾客的双手消毒。

（11）进行其他项目的服务。

四、注意事项

1. 用卸甲机卸除贴片甲，浸泡 3 ~ 5 min 后，贴片膨胀发软，脱离自然指甲。

2. 用包裹锡纸脱甲时，可用金属指皮推棒或橘木棒将贴片刮除。

3. 足部脱甲采用锡纸包扎法比较合适，需为顾客提供一次性拖鞋或请顾客自带拖鞋。

4. 若包上锡纸的指甲贴片不能去除干净，则需将锡纸重新包上 3～5 min 后，再继续下一步操作。

5. 卸甲机使用完毕后，应倒出机器里面的卸甲液至一个密闭容器内以免挥发，并用清水将卸甲机擦洗干净。

职业模块 ⑤

装饰指甲

内容结构图

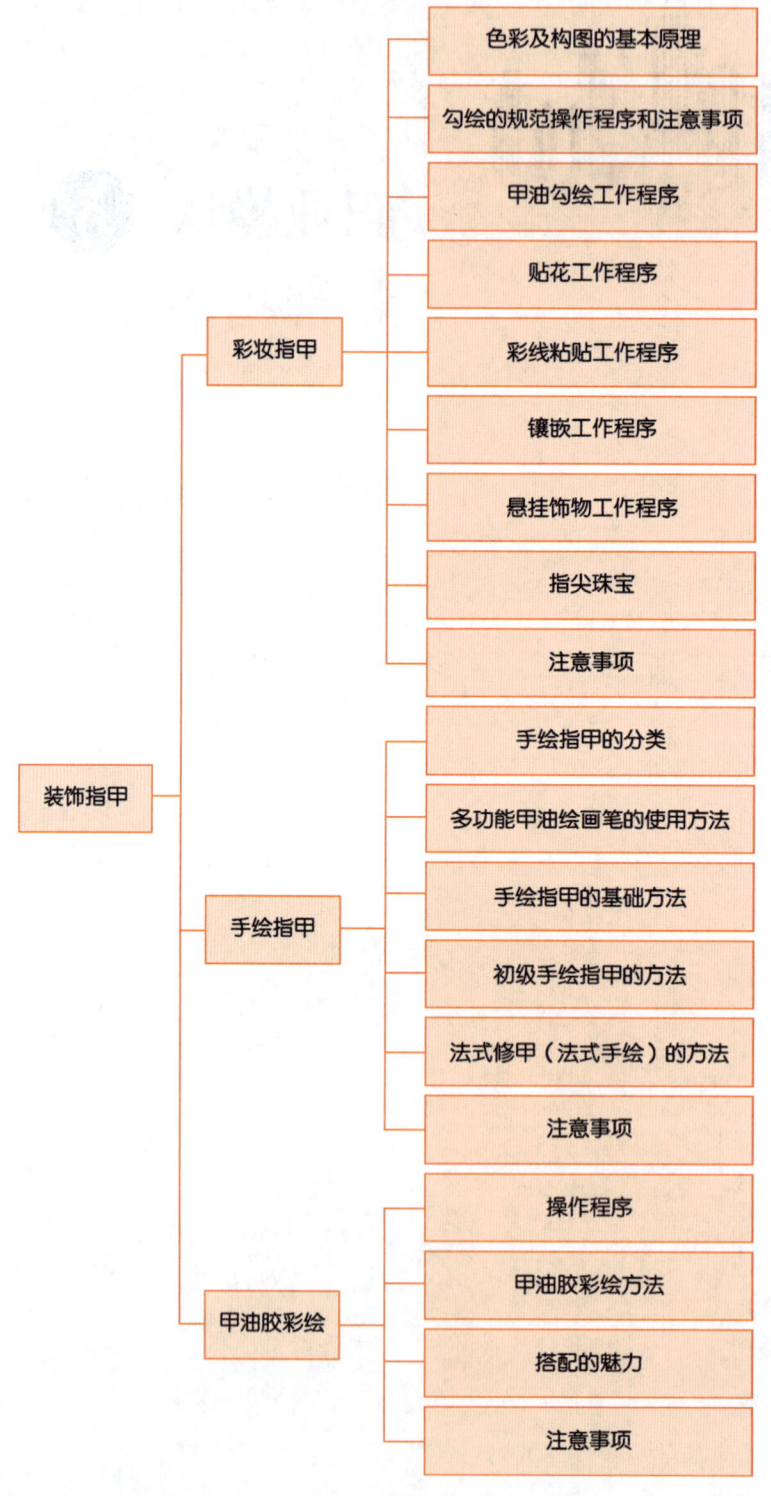

培训项目 1 彩妆指甲

一、色彩及构图的基本原理

1. 色彩的基本原理

（1）三原色。红、黄、蓝这三种颜色是任何颜料都不可能调和出来的，所以叫三原色（见图5—1）。

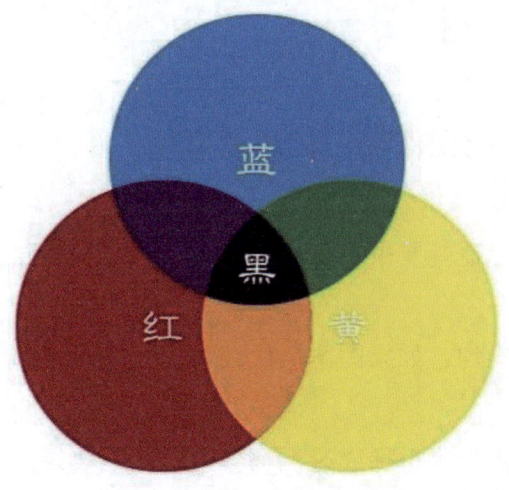

图 5—1 三原色

（2）间色。两种原色以等比例混合相加形成的颜色叫间色，如橙（红+黄）、紫（红+蓝）、绿（蓝+黄）。

（3）复色。三种以上的颜色混合出来的颜色叫复色。

（4）补色。补色之间的对比是最强烈的对比，它是由人们视觉特点的需要而形成的色彩关系，例如，我们在大红色的纸上用墨汁楔子是会有绿色的感觉。三组最基本的补色是：红与绿（蓝+黄）、黄与紫（红+蓝）、蓝与橙（红+黄）。

（5）色彩三属性

1）色相。指色彩的长相，如红、朱红、大红、蓝、紫等。

2）纯度。指色彩的饱和度，如鲜艳、灰弱等。

3）明度。指色彩的明亮程度，即深与浅的关系。

2. 构图的基本原理

（1）视觉中心。由于甲面有弧度的特点，所以，甲面上的主要图案应当安排在指甲的中前部分。

（2）对称与均衡

1）某个图案上下或左右完全相等时的构图叫作对称，特点是规整、平稳。

2）某个图案上下或左右不对称时的构图叫作均衡，特点是活泼、有变化。

（3）点、线、面的安排是构图的基础思路。小的色块称之为点，有大小、疏密的变化。线是点的延长，有曲直、疏密交叉的变化。面是面积较大的色块，只在形状和大小上有区别。

二、勾绘的规范操作程序和注意事项

1. 执笔要静气，运笔要平稳、舒展，尤其在画线时要曲折伸展自如，手腕部不与桌面接触。

2. 颜色要调配均匀，如果图案色块较大，要一次性多调出一些同种的颜料来。

3. 水分要适中，如果过稀或过稠都会影响图案效果。

4. 工具用完后要马上冲洗干净，包括笔、调色碟、水池等。颜色在使用完后要盖紧瓶盖。

5. 由于在甲面上手绘，很难起稿。一般是构思好了一次完成，擦来改去容易弄脏甲片，因此，要反复练习，达到执笔绘制时准确自如的境界。

6. 构线、画点和其他图案时，要懂得如何使用各种不同的工具。

三、甲油勾绘工作程序

1. 服务项目
甲油勾绘，服务时间 40 min。

2. 服务用品
消毒液（浓度41%的福尔马林）、消毒液容器、毛巾、垫枕、浓度75%的酒精、棉花（片）、棉花容器、洗甲水、橘木棒、小镊子、指甲刀、180号打磨砂条、粉尘刷、浸手碗、护理浸液、指皮软化剂、指皮推、V形推叉、指皮剪、营养油、自然甲抛光块（条）、底油、彩色甲油、各色甲油两用笔、亮油、废物袋。

3. 工作准备
（1）消毒工作台。

（2）从消毒柜中取出干净的毛巾铺在工作台上，另卷起一块毛巾或用固定垫枕垫在毛巾下顾客的手腕处。

（3）准备好已消毒的工具和用品。

（4）清洁自己和顾客的双手。

（5）总是从左手到右手，从每只手的小指开始操作。

（6）给顾客的双手做好自然指甲基本护理（从消毒至涂抹甲油之前）。

4. 操作步骤
（1）设计好顾客认可的图案。

（2）向顾客推荐与其相适合的甲油颜色。

（3）涂抹甲油前收费。

（4）给自己和顾客的双手消毒。

（5）在顾客的指甲上涂上一层底油、两层彩色甲油。

（6）涂甲油的过程中如需清理，则用橘木棒制作棉签，蘸取洗甲水清理涂到指甲表面以外的甲油。

（7）在甲油底色完全干透后开始勾画。

（8）勾画完毕，在指甲上涂上一层亮油。

（9）把所有使用过的工具放入盛有消毒液的容器内浸泡消毒。

（10）清理工作台。

（11）建立顾客档案，预约下一次服务时间。

5. 甲油勾绘实例

（1）"小鸭戏水"

1）在指甲表面均匀地涂一层底油、两层蓝色甲油，让其完全干燥（见图5—2）。

2）用白色的甲油两用笔在靠近指甲前缘的左端点出上小、下大的两个圆点（见图5—3）。

图5—2　涂底色

图5—3　点白点

3）用黄色的甲油两用笔在白点上面点出小于白点的两个黄点（见图5—4）。

4）趁甲油未干时，用勾绘笔的笔尖勾画出小鸭子的形状、水的波纹、月亮，点缀上一些星星的亮片（见图5—5）。

图5—4　点黄点

图5—5　勾画、装饰

5）完成（见图5—6）。

（2）"片片枫叶"

1）在指甲表面均匀地涂一层底油、两层金色甲油，让其完全干燥（见图5—7）。

图 5—6　完成图

2）用红色的甲油两用笔在靠近指甲前缘的地方点出三个圆点（见图 5—8）。

图 5—7　涂底色　　　　　　　图 5—8　点红点

3）用黄色的甲油两用笔在红点上点出小于红点的三个黄点（见图 5—9）。

4）趁甲油未干时，用勾绘笔的笔尖在指甲上绘出枫叶的形状（见图 5—10）。

图 5—9　点黄点　　　　　　　图 5—10　勾画

5）完成（见图 5—11）。

图 5—11 完成图

（3）"火红情缘"

1）在指甲表面均匀地涂一层底油、两层红色甲油，让其完全干燥（见图 5—12）。

2）用白色的甲油两用笔在指甲上点出圆点（见图 5—13）。

图 5—12　涂底色　　　　　图 5—13　点花瓣

3）趁甲油未干时，用勾绘笔的笔尖在圆点上勾画出心的形状，挑出五瓣花的花瓣（见图 5—14）。

4）在适合的地方用白色甲油两用笔点出小装饰性圆点（见图 5—15）。

图 5—14　勾画　　　　　图 5—15　装饰

5）完成（见图 5—16）。

图 5—16 完成图

（4）"惬意小花"

1）在指甲表面均匀地涂一层底油、两层红色甲油让其完全干燥（见图 5—17）。

2）用白色的甲油两用笔在指甲上点出圆点（见图 5—18）。

图 5—17 涂底色　　　　　　　图 5—18 点花瓣

3）趁甲油未干时，用勾绘笔的笔尖在圆点上挑出五瓣花的花瓣（见图 5—19、图 5—20）。

图 5—19 勾画　　　　　　　图 5—20 修饰

4）完成（见图 5—21）。

图 5—21 完成图

（5）"怒放"

1）在指甲表面均匀地涂一层底油、两层紫色甲油，让其完全干燥（见图 5—22）。

2）用白色的甲油两用笔在指甲上点出白色的圆点（见图 5—23）。

 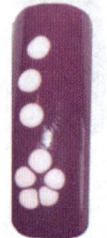

图 5—22 涂底色　　　　　　　　图 5—23 点白点

3）用黄色的甲油两用笔在白点上点出小于白点的黄点（见图 5—24）。

4）趁甲油未干时，用勾绘笔的笔尖在圆点上挑出图案（见图 5—25）。

图 5—24 点黄点　　　　　　　　图 5—25 勾画

5）完成（见图 5—26）。

图 5—26　完成图

四、贴花工作程序

1. 服务项目

贴花，服务时间 40 min。

2. 服务用品

消毒液（浓度 41% 的福尔马林）、消毒液容器、毛巾、垫枕、浓度 75% 的酒精、棉花（片）、棉花容器、洗甲水、橘木棒、小镊子、指甲刀、180 号打磨砂条、粉尘刷、浸手碗、护理浸液、指皮软化剂、指皮推、V 形推叉、指皮剪、营养油、自然甲抛光块（条）、底油、彩色甲油、水贴花纸（不干胶贴花纸）、小剪刀、玻璃碗、亮油、废物袋。

3. 工作准备

（1）消毒工作台。

（2）从消毒柜中取出干净的毛巾铺在工作台上，另卷起一块毛巾或用固定垫枕垫在毛巾下顾客的手腕处。

（3）准备好已消毒的工具和用品。

（4）清洁自己和顾客的双手。

（5）总是从左手到右手，从每只手的小指开始操作。

（6）给顾客的双手做好自然指甲基本护理（从消毒至涂抹甲油之前）。

4. 操作步骤

（1）将顾客挑选好的贴花剪下放好。

（2）向顾客推荐与其相适合的甲油颜色。

（3）涂抹甲油前收费。

（4）给自己和顾客的双手消毒。

（5）在顾客的指甲上涂上一层底油、两层彩色甲油和一层亮油（也可不涂亮油），使其完全干透。

（6）涂甲油的过程中如需清理，则用橘木棒制作棉签，蘸取洗甲水，清理涂到指甲表面以外的甲油。

（7）将贴花用小镊子夹起来，放入玻璃碗的水中浸透揭下（或是选用不干胶贴花，撕下不干胶贴纸）。

（8）将贴花贴到指甲表面合适的位置，摆平压实。

（9）根据贴花的种类选择不上亮油或是上一层亮油把贴花封起来，使其更加牢固不易脱落。

（10）把所有使用过的工具放入盛有消毒液的容器内浸泡消毒。

（11）清理工作台。

（12）建立顾客档案，预约下一次服务时间。

5. 贴花实例（背胶贴花）

（1）在指甲表面均匀地涂一层底油、一层淡蓝色的甲油；在指甲前缘处涂上蓝色的甲油和淡蓝色的甲油均匀过渡，让其完全干燥（见图5—27）。

（2）在合适的地方用小彩珠先粘出花心，再用彩色3D贴花粘贴出花瓣（见图5—28）。

图5—27 涂底色　　　　　　图5—28 粘贴花瓣

（3）继续粘贴出花的形状（见图5—29）。

（4）粘贴装饰。完成整个图案的粘贴（见图5—30）。

图5—29 粘贴花形

图5—30 粘贴装饰

（5）完成（见图5—31）。

图5—31 完成图

五、彩线粘贴工作程序

1. 服务项目

彩线粘贴，服务时间40 min。

2. 服务用品

消毒液（浓度41%的福尔马林）、消毒液容器、毛巾、垫枕、浓度75%的酒精、棉花（片）、棉花容器、洗甲水、橘木棒、小镊子、指甲刀、180号打磨砂条、粉尘刷、浸手碗、护理浸液、指皮软化剂、指皮推、V形推叉、指皮剪、营养油、自然甲抛光块（条）、底油、彩色甲油、各色装饰彩线、牙签、小剪刀、亮油、废物袋。

3. 工作准备

（1）消毒工作台。

（2）从消毒柜中取出干净的毛巾铺在工作台上，另卷起一块毛巾或用固定垫枕垫在毛巾下顾客的手腕处。

（3）准备好已消毒的工具和用品。

（4）清洁自己和顾客的双手。

（5）总是从左手到右手，从每只手的小指开始操作。

（6）给顾客的双手做好自然指甲基本护理（从消毒至涂抹甲油之前）。

4. 操作步骤

（1）设计好顾客认可的图案。

（2）向顾客推荐与其相适合的甲油颜色。

（3）涂抹甲油前收费。

（4）给自己和顾客的双手消毒。

（5）在顾客的指甲上涂上一层底油、两层彩色甲油。

（6）涂甲油的过程中如需清理，则用橘木棒制作棉签，蘸取洗甲水，清理涂到指甲表面以外的甲油。

（7）准备好装饰彩线，在甲油底色干透后开始粘贴。

（8）按设计图案裁剪装饰彩线，彩线剪得要比图案稍长一些。

（9）用小镊子夹住装饰彩线的一端贴在指甲上，用牙签或橘木棒顺着装饰彩线压平、按紧。

（10）剪掉装饰彩线长出设计图案的部分，剪时要比设计图案稍短些。

（11）在指甲表面涂一层亮油，使图案保持鲜艳和持久。

（12）把所有使用过的工具放入盛有消毒液的容器内浸泡消毒。

（13）清理工作台。

（14）建立顾客档案，预约下一次服务时间。

5. 彩线粘贴实例

（1）在指甲表面均匀地涂一层底油、两层红色甲油，让其完全干燥（见图5—32）。

（2）选好合适的位置涂一层白色甲油，让其完全干燥（见图5—33）。

（3）选好合适的位置，涂一层黑色甲油，让其完全干燥（见图5—34）。

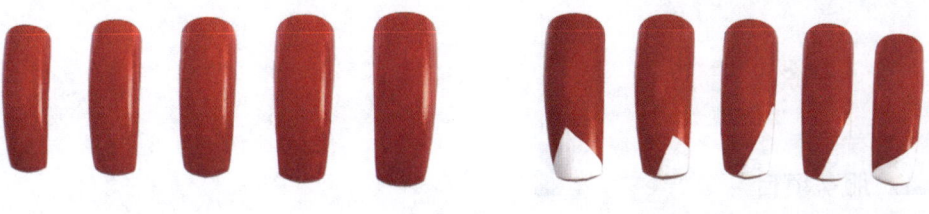

图 5—32 涂底色　　　　图 5—33 涂白色装饰图案

图 5—34 涂黑色装饰图案

（4）剪好金色的装饰彩线，粘贴在合适的位置（见图 5—35）。

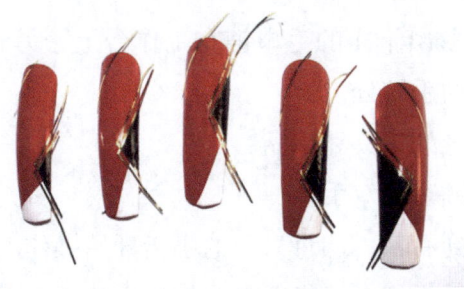

图 5—35 粘贴彩线

（5）完成（见图 5—36）。

图 5—36 完成图

六、镶嵌工作程序

1. 服务项目
镶嵌饰物，服务时间 40 min。

2. 服务用品
消毒液（浓度 41% 的福尔马林）、消毒液容器、毛巾、垫枕、浓度 75% 的酒精、棉花（片）、棉花容器、洗甲水、橘木棒、小镊子、指甲刀、180 号打磨砂条、粉尘刷、浸手碗、护理浸液、指皮软化剂、指皮推、V 形推叉、指皮剪、营养油、自然甲抛光块（条）、底油、彩色甲油、亮油、各种装饰物、牙签、废物袋。

3. 工作准备
（1）消毒工作台。

（2）从消毒柜中取出干净的毛巾铺在工作台上，另卷起一块毛巾或用固定垫枕垫在毛巾下顾客的手腕处。

（3）准备好已消毒的工具和用品。

（4）清洁自己和顾客的双手。

（5）总是从左手到右手，从每只手的小指开始操作。

（6）给顾客的双手做好自然指甲基本护理（从消毒至涂抹甲油之前）。

4. 操作步骤
（1）设计好顾客认可的饰物图案。

（2）向顾客推荐与其相适合的甲油颜色。

（3）准备好多种人造钻石和彩色亮片、珠子、镶嵌饰物等。

（4）涂抹甲油前收费。

（5）给自己和顾客的双手消毒。

（6）在顾客的指甲上涂上一层底油、两层彩色甲油和一层亮油（也可不上亮油）。

（7）涂甲油的过程中如需清理，则用橘木棒制作棉签，蘸取洗甲水，清理涂到指甲表面以外的甲油。

（8）在甲油底色未干时，用牙签或橘木棒的一端蘸取少许亮油或水，将饰物粘起来，按照预先设计好的图案，将饰物贴到指甲表面，摆平压实。

（9）根据饰物的种类选择不上亮油或是上一层亮油把饰物封起来，让饰物粘贴更加牢固。

（10）把所有使用过的工具放入盛有消毒液的容器内浸泡消毒。

（11）清理工作台。

（12）建立顾客档案，预约下一次服务时间。

5. 镶嵌饰物实例

（1）在指甲表面均匀地涂一层底油、两层红色甲油，让其完全干燥（见图5—37）。

（2）剪好长度合适的一段白色蕾丝花边，粘贴在指甲中间（见图5—38）。

图5—37 涂底色　　　　　　图5—38 粘贴装饰花边

（3）用牙签或橘木棒蘸水或透明甲油，粘起钻石，贴在花边的旁边（见图5—39）。

（4）继续粘贴钻石，完成构图（见图5—40）。

图5—39 粘贴钻石　　　　　　图5—40 装饰钻石

（5）完成（见图5—41）。

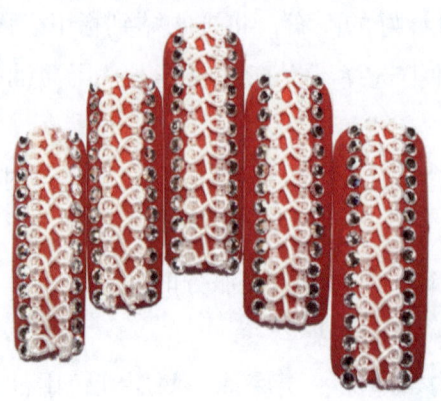

图 5—41　完成图

七、悬挂饰物工作程序

1. 服务项目

悬挂饰物，服务时间 40 min。

2. 服务用品

消毒液（浓度 41% 的福尔马林）、消毒液容器、毛巾、垫枕、浓度 75% 的酒精、棉花（片）、棉花容器、洗甲水、橘木棒、小镊子、指甲刀、180 号打磨砂条、粉尘刷、浸手碗、护理浸液、指皮软化剂、指皮推、V 形推叉、指皮剪、营养油、自然甲抛光块（条）、底油、彩色甲油、亮油、各种吊饰、打孔钻、尖嘴钳、废物袋。

3. 工作准备

（1）消毒工作台。

（2）从消毒柜中取出干净的毛巾铺在工作台上，另卷起一块毛巾或用固定垫枕垫在毛巾下顾客的手腕处。

（3）准备好已消毒的工具和用品。

（4）清洁自己和顾客的双手。

（5）总是从左手到右手，从每只手的小指开始操作。

（6）给顾客的双手做好自然指甲基本护理（从消毒至涂抹甲油之前）。

4. 操作步骤

（1）向顾客推荐与其相适合的甲油颜色。

（2）涂抹甲油前收费。

（3）给自己和顾客的双手消毒。

（4）在顾客的指甲上涂上一层底油、两层彩色甲油，或是在涂好底油的指甲上勾画好图案。

（5）涂甲油的过程中如需清理，则用橘木棒制作棉签，蘸取洗甲水，清理涂到指甲表面以外的甲油。

（6）涂抹一层亮油，使其完全干透。

（7）准备好顾客挑选的吊饰。

（8）用打孔钻在顾客的指甲前缘合适的地方钻孔（见图5—42）。

图5—42　打孔

（9）用小镊子将吊饰的悬链套在打好的孔内（见图5—43）。

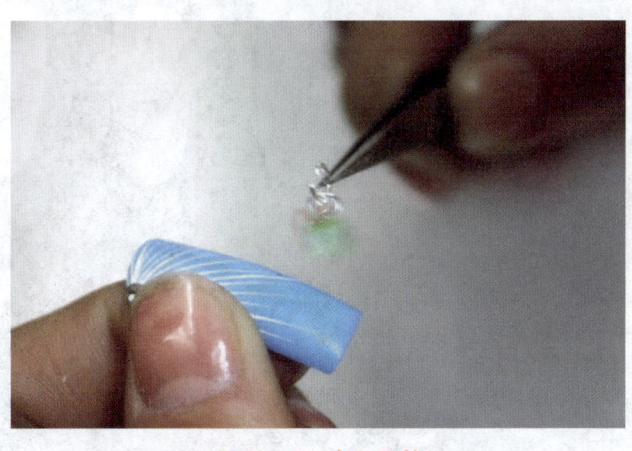

图5—43　套入吊饰

（10）用尖嘴钳将套环夹紧（见图5—44）。

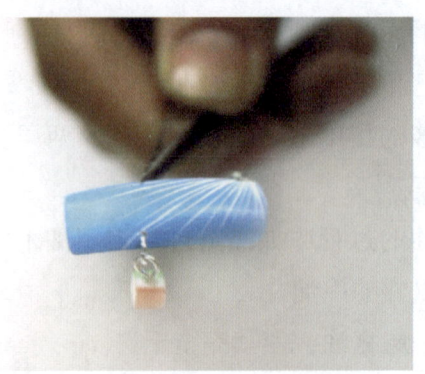

图 5—44　夹紧套环

（11）把所有使用过的工具放入盛有消毒液的容器内浸泡消毒。

（12）清理工作台。

（13）建立顾客档案，预约下一次服务时间。

八、指尖珠宝

将各种饰品巧妙组合、相连，形成集合式造型，是中国式美甲的又一特征（见图5—45）。

单品指尖珠宝是通过底托与指甲粘合的，底托上涂抹指甲胶水（见图5—46）。

图 5—45 单品指尖珠宝作品赏析 1（设计师 孙颖）

图 5—46 单品指尖珠宝作品赏析 2

九、注意事项

1. 粘贴金银装饰线时要按紧、压平,特别是金银装饰线的两端,否则容易造成起翘脱落。
2. 粘贴金银装饰线时,金银装饰线的长度必须小于甲面。
3. 粘贴钻石时,甲油要处于未干状态,可以涂一个指甲,粘贴一个指甲。
4. 粘贴时,饰物的摆放要设计好,忌在甲面上来回移动,否则会破坏甲油的整体效果。
5. 粘贴时,饰物要放平压实,这样饰物才不易脱落。
6. 粘贴饰物时,应尽量避免摆在指甲前端或边缘,特别是颗粒大的钻石,放在周边容易造成脱落。
7. 饰物粘贴好后,一定要上一层亮油使其加固。
8. 用打孔钻钻完孔,要把顾客手反过来,把钻出的毛刺去除。
9. 钻孔的位置要选好,不能太偏靠近边缘,否则容易造成指甲裂缝;也不能太靠近甲面中间,太靠近正中间吊饰很难挂上去。
10. 吊饰的悬链套要夹紧、对正,否则容易挂东西。

培训项目 2 手绘指甲

一、手绘指甲的分类

手绘指甲适用于不同层次消费群体的美化需要，按用途分为以下两类。

1. 实用型手绘

实用型手绘是指能和人们日常生活的起居、时装、首饰等相互搭配的绘画艺术形式。这种手绘图案几乎能与自然界所有相关的物体产生联想。

2. 观赏型手绘

观赏型手绘是在实用型手绘基础上，在指甲上配合立体雕刻等艺术形式，使指甲在视觉上达到一种可供观赏的效果，主要适用于美甲艺术的比赛。这种手绘作品主要以表演型美甲为主，根据不同国家的风俗、文化、风格与特色，将这些都浓缩成小小的图案，绘制到指甲表面，形成一种新的观赏艺术。

二、多功能甲油绘画笔的使用方法

多功能甲油绘画笔可以在指甲上勾绘也可以点绘出各种图案和造型，用带甲油毛刷的一端在指甲上勾绘出图案的线条，用带孔针的一端在指甲上点画出小点或色块。这种笔可以使工作的速度加快，也可以使美甲师更容易为顾客设计和绘画出各种美丽的简单图案。

三、手绘指甲的基础方法

1. 徒手画出直线、斜线、曲线

徒手画出直线、斜线、曲线（见图5—47、图5—48、图5—49、图5—50）。

图5—47　线条底稿

图5—48　线条样例1

（1）画直线的时候绝对不要使用尺子或者任何可以帮助画出直线的工具。

（2）练好直线画法是画圆形的基础。

（3）辅助线用笔要轻，以免影响最后效果。

（4）观察：人的眼睛在一开始观察事物时，往往具有欺骗性。例如，下面这个较常见的图片（见图5—51），当第一次看时总是觉得右边竖线比左边竖线短。

图5—49　线条样例2

图5—50　线条样例3

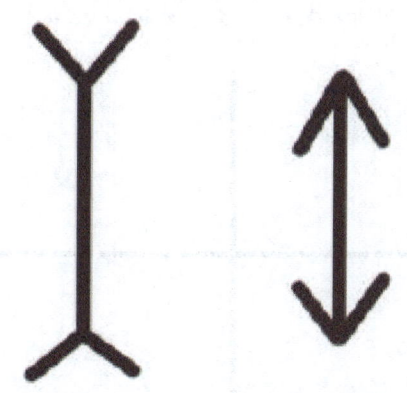

图 5—51 例图

因此,在观察具体的实物时需要一个参照物帮助分析。在素描基础练习中,这个帮助我们参考的参照物就是铅笔,用铅笔可对所画的物体量出真实的比例。

2. 徒手画圆

徒手画圆是美甲师的基本功,这项基本功有助于美甲师在美甲手绘过程中画好直线、条纹、格子、弧形,修甲时能快速修整出符合设计要求的甲形。画圆需用直线来做辅助线。

(1)画圆的方法。画圆的方法有正六边形画法和正方形画法。

(2)铅笔的用法

1)先在纸上画一条竖线,作为圆的中心线。

2)再画一条横线,两条线交叉的地方(两条线的交点)做圆的中点(见图5—52)。

3)确定圆的半径(点)。用铅笔量出4个点的位置(见图5—53)。

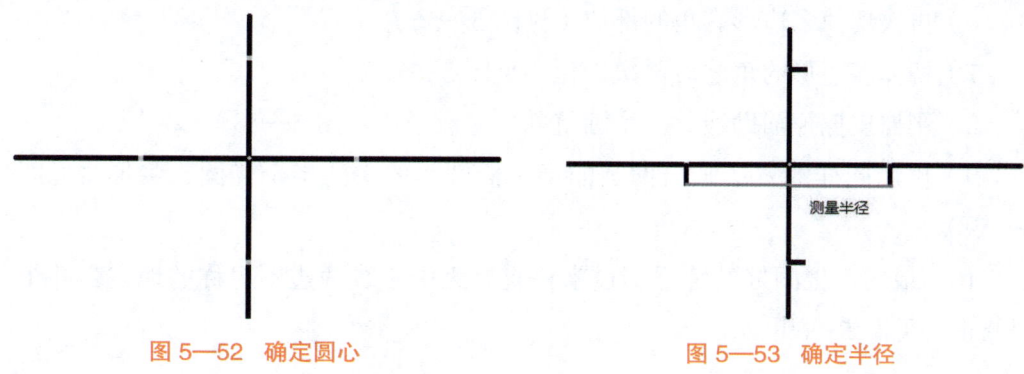

图 5—52 确定圆心　　　　　图 5—53 确定半径

4）根据4个点（半径）画出正方形（见图5—54）。

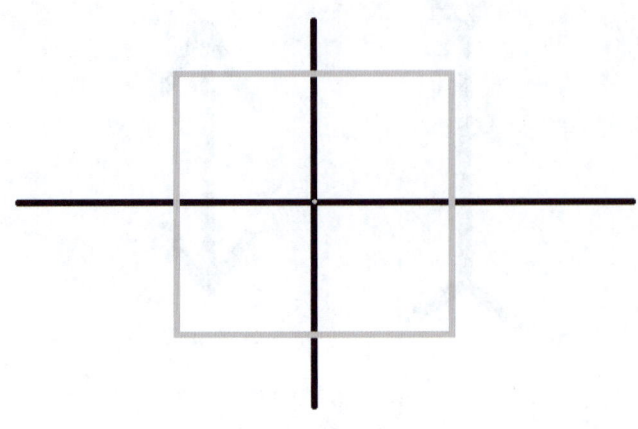

图5—54　画正方形

5）切掉正方形的四个角（形成一个等边八边形）（见图5—55）。

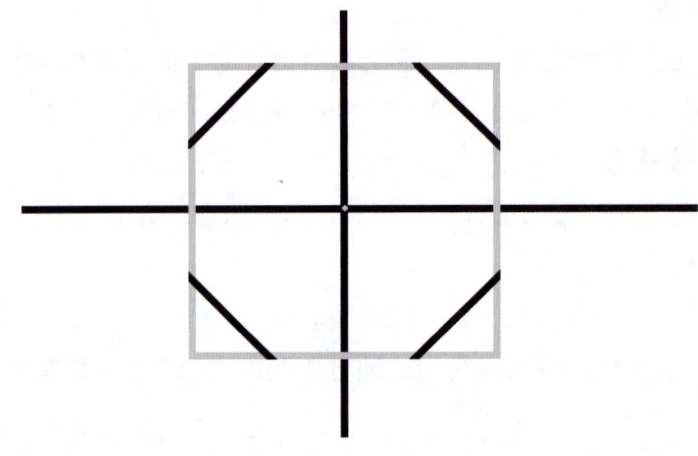

图5—55　画八边形

6）再次切掉多边形有角的部位（见图5—56）。

7）切掉多边形的角之后再次细化（见图5—57）。

8）用橡皮擦掉辅助线，一个圆就基本完成了（见图5—58）。

9）再用同样的方法画出偏圆的半个椭圆、偏尖的半个椭圆、尖形（见图5—59）。

10）最后，把画好的练习倒过来检查有无中心线两边不对称的地方，并予以修正（见图5—60）。

图 5—56 切掉多余的角

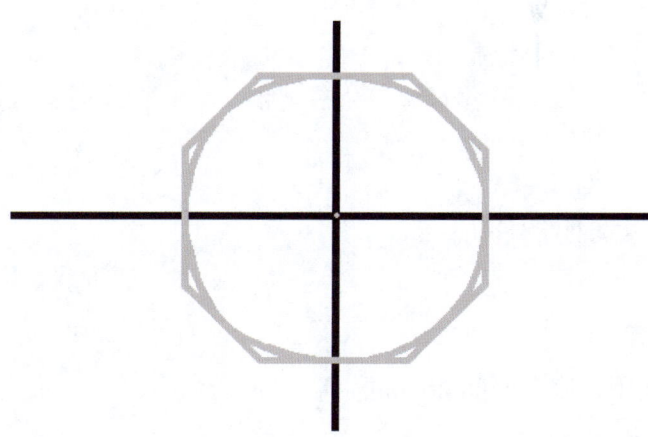

图 5—57 细化

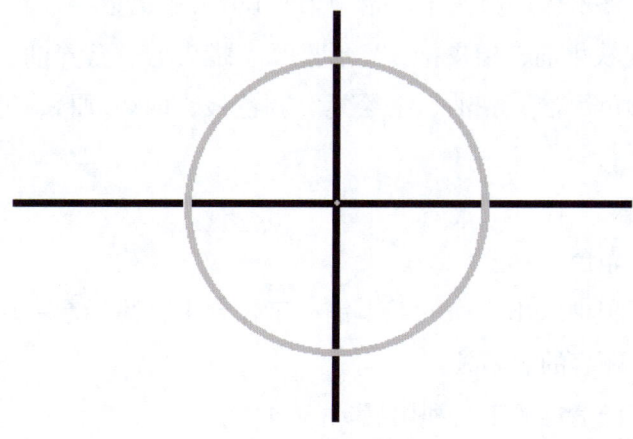

图 5—58 擦掉辅助线

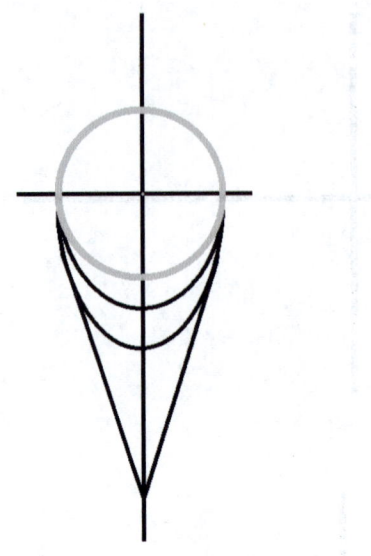
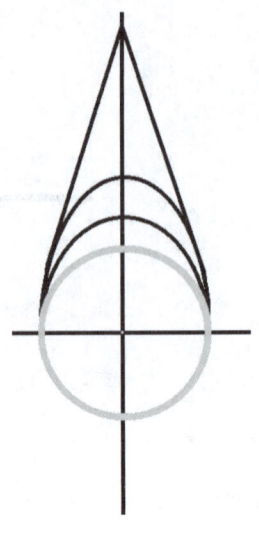

图 5—59　偏圆的半个椭圆、偏尖的半个椭圆、尖形　　　图 5—60　检查、修正

四、初级手绘指甲的方法

1. **服务项目**

初级手绘指甲,服务时间 40 min。

2. **服务用品**

消毒液、消毒液容器、毛巾、垫枕、浓度 75% 的酒精、棉花(片)、棉花容器、洗甲水、橘木棒、小镊子、指甲刀、180 号打磨砂条、粉尘刷、浸手碗、护理浸液、指皮软化剂、指皮推、V 形推叉、指皮剪、营养油、自然甲抛光块(条)、底油、彩色甲油、亮油、手绘笔、调色板、丙烯颜料、笔洗、一次性纸巾、废物袋。

3. **准备步骤**

(1) 消毒工作台。

(2) 从消毒柜中取出干净的毛巾铺在工作台上,另卷起一块毛巾或用固定垫枕垫在毛巾下顾客的手腕处。

(3) 准备好已消毒的工具和用品。

(4) 清洁自己和顾客的双手。

(5) 总是从左手到右手,从每只手的小指开始操作。

（6）给顾客的双手做好自然指甲基本护理（从消毒至涂抹甲油之前）。

4. 规范操作程序

（1）设计好顾客认可的图案。

（2）向顾客推荐与其相适合的甲油颜色。

（3）涂抹甲油前收费。

（4）给自己和顾客的双手消毒。

（5）在顾客的指甲上涂上一层底油、两层彩色甲油。

（6）涂甲油的过程中如需清理，则用橘木棒制作棉签，蘸取洗甲水，清理涂到指甲表面以外的甲油。

（7）在甲油底色干透后开始勾画。

（8）勾画完毕，在指甲上涂上一层亮油。

（9）把所有使用过的工具放入盛有消毒液的容器内浸泡消毒。

（10）清理工作台。

（11）建立顾客档案，预约下一次服务时间。

5. 中国式美甲的初级线条图案练习

（1）文字（见图5—61）。

图5—61 初级线条图案——文字

（2）花卉（见图5—62）。

（3）初级手绘实例1

1）在指甲表面均匀地涂一层底油、两层蓝色甲油，让其完全干燥（见图5—63）。

2）用手绘笔蘸白色颜料由左上角至斜下方画出一条斜线（见图5—64）。

3）从同一个点开始，同方向勾画出多条斜线（见图5—65）。

4）继续勾画斜线，使图案呈现出羽毛般的形状（见图5—66）。

图 5—62 初级线条图案——花卉

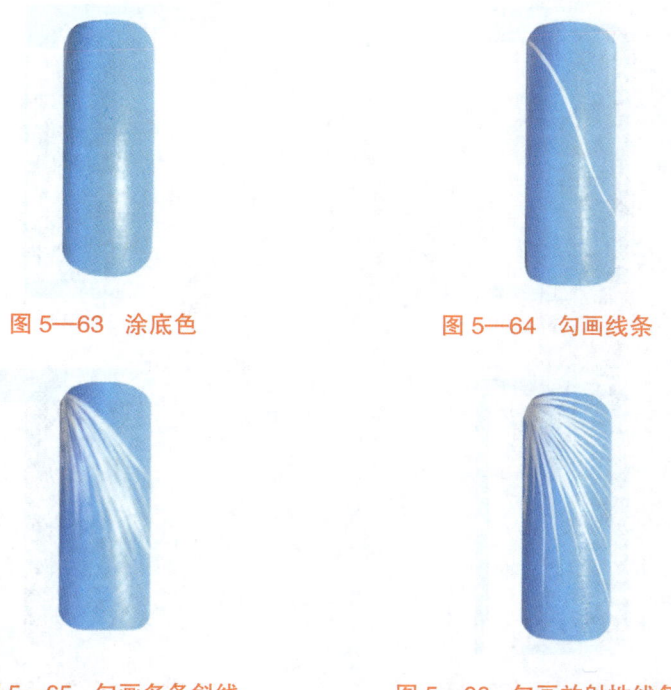

图 5—63 涂底色　　　　图 5—64 勾画线条

图 5—65 勾画多条斜线　　　　图 5—66 勾画放射性线条

5）在所有斜线的起始点点缀一颗钻石，在整个指甲表面涂抹一层银色的闪粉甲油，完成操作（见图 5—67）。

图 5—67 点缀修饰

（4）初级手绘实例 2

1）在指甲表面均匀地涂一层底油、两层蓝色甲油，让其完全干燥（见图 5—68）。

2）用手绘笔勾画曲线（见图 5—69）。

3）用手绘笔勾画多条曲线（见图 5—70）。

4）用手绘笔勾画出花瓣和花心（见图 5—71）。

图5—68 涂底色　　　　　　图5—69 勾画曲线

图5—70 勾画多条曲线　　　图5—71 勾画花瓣和花心

5）继续勾画，完成整体构图（见图5—72）。

图5—72 点缀修饰花蕊（作者　张璐）

（5）初级手绘实例3

1）在指甲表面均匀地涂一层底油、两层红色甲油，让其完全干燥（见图5—73）。

2）在指甲的中心位置向四周画出放射线（见图5—74）。

3）继续勾画放射线（见图5—75）。

4）勾画多线条（见图5—76）。

图 5—73 涂底色

图 5—74 勾画放射线

图 5—75 继续勾画放射线

图 5—76 勾画多线条

5）在放射线的中心位置点缀一颗钻石，完成构图（见图 5—77）。

图 5—77 完成图

（6）初级手绘实例 4

1）在指甲表面均匀地涂一层底油、两层蓝色甲油，让其完全干燥（见图 5—78）。

2）在指甲的合适位置点上白色装饰点（见图 5—79）。

3）以装饰白点为中心向外绘出 5 个花瓣（见图 5—80）。

4）将花瓣绘满整个指甲（见图 5—81）。

5）以白点为中心绘出花蕊并进行点缀，完成构图（见图 5—82）。

图 5—78 涂底色

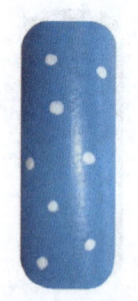
图 5—79 点白点

图 5—80 勾画花瓣

图 5—81 画满花瓣

图 5—82 完成图（作者 张璐）

（7）初级手绘实例 5

1）在指甲表面均匀地涂一层底油、两层粉红色甲油，让其完全干燥（见图 5—83）。

2）以指甲前缘右下角为中心向外绘出大的花瓣轮廓（见图 5—84）。

3）将花瓣轮廓绘满整个指甲表面（见图 5—85）。

4）每隔一行用白色填满（见图 5—86）。

5）填补白色，完成构图（见图 5—87）。

图 5—83　涂底色

图 5—84　勾画花瓣轮廓

图 5—85　将花瓣轮廓绘满甲面

图 5—86　填色

图 5—87　完成图

（8）初级手绘实例 6

1）在指甲表面均匀地涂一层底油、两层黑色甲油，让其完全干燥（见图 5—88）。

2）在指甲前缘右下角用白色绘出一个心的形状（见图 5—89）。

3）以心形为中心向左边和右上方绘出装饰线条（见图 5—90）。

4）继续绘出装饰线条（见图 5—91）。

5）在合适的位置上点一些小的装饰圆点，完成构图（见图 5—92）。

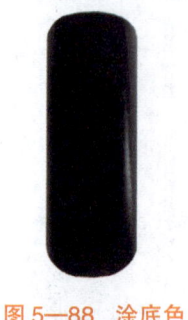 

图5—88 涂底色　　　　　　　图5—89 画一个心的形状

图5—90 勾画装饰线　　　　　图5—91 继续勾画装饰线

图5—92 点缀装饰白点（作者　张璐）

（9）初级手绘实例7

1）在指甲表面均匀地涂一层底油、两层黄色甲油，让其完全干燥（见图5—93）。

2）用蓝色绘出花瓣的形状（见图5—94）。

3）在花瓣下方由细到粗绘出装饰线条（见图5—95）。

4）继续绘出装饰线条（见图5—96）。

5）在合适的地方点上小的装饰圆点，完成构图（见图5—97）。

图 5—93 涂底色

图 5—94 勾绘花瓣

图 5—95 勾绘装饰线条

图 5—96 继续勾绘装饰线条

图 5—97 点缀装饰圆点（作者 张璐）

（10）初级彩绘作品欣赏（见图 5—98）。

五、法式修甲（法式手绘）的方法

1. 服务项目

法式手绘指甲（见图 5—99），服务时间 40 min。

图5—98 初级彩绘作品（作者 刘秀岚）

图5—99 法式手绘指甲图

2. 服务用品

消毒液、消毒液容器、毛巾、垫枕、浓度75%的酒精、棉花（片）、棉花容器、洗甲水、橘木棒、小镊子、指甲刀、180号打磨砂条、粉尘刷、浸手碗、护理浸液、指皮软化剂、指皮推、V形推叉、指皮剪、营养油、自然甲抛光块（条）、底油、白色、粉色甲油、亮油、手绘笔、调色板、丙烯颜料、笔洗、一次性纸巾、废物袋。

3. 准备步骤

（1）消毒工作台。

（2）从消毒柜中取出干净的毛巾铺在工作台上，另卷起一块毛巾或用固定垫枕垫在毛巾下顾客的手腕处。

（3）准备好已消毒的工具和用品。

（4）清洁自己和顾客的双手。

（5）总是从左手到右手，从每只手的小指开始操作。

（6）给顾客的双手做好自然指甲基本护理（从消毒至涂抹甲油之前）。

4. 规范操作程序

（1）涂抹甲油前收费。

（2）给自己和顾客的双手消毒。

（3）在顾客的指甲上涂上一层底油和两层彩色甲油或是只涂一层底油。

（4）在甲油干透后，用彩色或白色的甲油笔沿甲沟两侧向中间描画出微笑线。

（5）勾画完毕，在指甲上涂上一层亮油。

（6）涂甲油的过程中如需清理，则用橘木棒制作棉签，蘸取洗甲水，清理涂到指甲表面以外的甲油。

（7）把所有使用过的工具放入盛有消毒液的容器内浸泡消毒。

（8）清理工作台。

（9）建立顾客档案，预约下一次服务时间。

六、注意事项

1. 使用手绘笔时，要特别注意笔的清洁和收藏。洗笔时，手不离笔，笔尖部分不得接触洗笔容器，悬空搅动洗笔水后在纸巾上擦拭。

2. 多功能甲油绘画笔使用后应立即清洁笔尖，盖紧笔帽。该笔不易长久闲置。

3. 基础图案技法应做到熟练掌握。在手绘图案时要能准确地临摹图案的造型，掌握构图的关系。

4. 在临摹色块时，做到色块倾向、明暗关系准确，上色均匀。

5. 法式手绘指甲需保证白色前缘十指等宽、微笑线均匀。

培训项目 3 甲油胶彩绘

一、操作程序

1. 顺着指甲纹理竖向刻磨指甲表面。
2. 涂抹干燥剂，去除甲面水分和油分。
3. 涂抹两遍底油或一遍黏合剂。
4. 薄涂底胶，照灯时间根据产品使用说明书而定。
5. 涂抹第一遍色胶，即定位胶，薄涂，要求在指甲后缘及两侧留 0.02～0.05 cm 的缝隙，后缘呈圆弧形，两侧直线要直，边缘清晰无毛边，指甲前缘包边后照灯。
6. 涂抹第二遍色胶，较第一遍稍厚一些，要求颜色均匀无气泡，边缘清晰无色差，指甲前缘再次包边后照灯。
7. 薄涂封层两遍后照灯。

二、甲油胶彩绘方法

1. 用平头光疗笔在打磨并涂过底胶的指甲表面均匀刷两层白色甲油胶，进行一次照灯（见图 5—100）。
2. 用半圆头光疗笔蘸取粉红色甲油胶，在指甲右前缘画出浅粉色的三片略大的花瓣，左后缘画出浅粉色的三片小花瓣，进行一次照灯（见图5—101）。

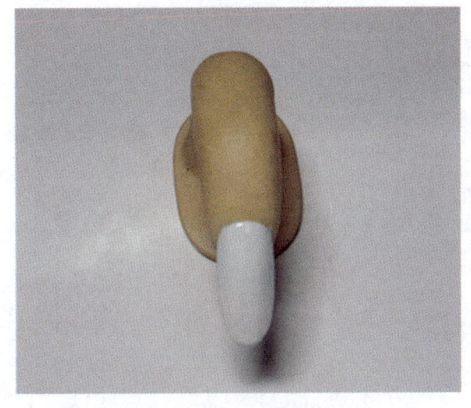

图5—100 刷白色甲油胶

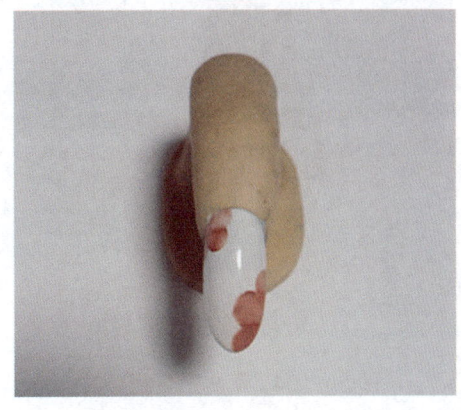

图5—101 画浅粉色花瓣

3．用半圆头光疗笔蘸取黄色甲油胶，在每两片粉色花瓣之间画出黄色花瓣，进行一次照灯（见图5—102）。

4．用小勾线笔蘸取白色甲油胶画出花蕊后照灯，再蘸取金色甲油胶叠加在白色花蕊上叠加画出金色花蕊和花心，进行一次照灯（见图5—103）。

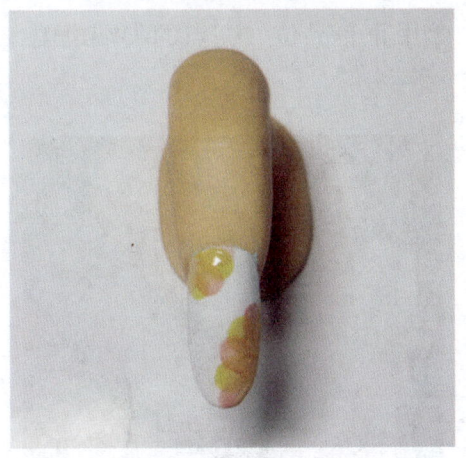

图5—102 画黄色花瓣

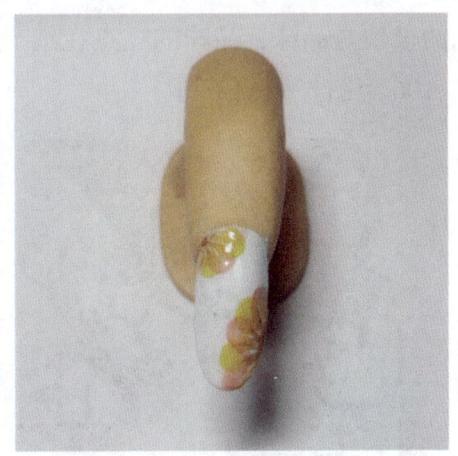

图5—103 勾画花蕊和花心

5．用拉线笔蘸取金色甲油胶在两朵花之间拉出交错的两条S形金线照灯，最后刷上免洗封层，进行一次照灯（见图5—104）。

6．制作完成（见图5—105）。

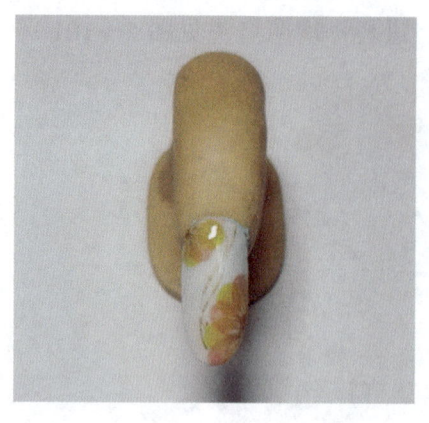

图 5—104 画 S 形金线

图 5—105 完成图

三、搭配的魅力

美甲艺术的魅力在对于细节的刻画。从服饰延伸出来的色彩及图案形状如同流动的旋律，令女性魅力在指尖跳跃，创造了流光溢彩的呼应视觉平衡。美丽的极致是品味，品味的亮点在细节。美甲正是品位、亮点的尖端之美。如图5—106 至图 5—111 所示。

图 5—106 搭配 1

图 5—107 搭配 2

职业模块 5　装饰指甲

图 5—108　搭配 3

图 5—109　搭配 4

图 5—110　搭配 5

图 5—111　搭配 6

四、注意事项

1. 底油需涂两遍，等第一遍干透后涂第二遍，起到消毒干燥的作用。涂第二遍时不需要干透便可直接操作下一步，起到黏合作用。

2. 涂抹时注意甲油胶不要接触到指甲后缘及两侧的皮肤，更不能流入甲沟，若发生此类情况需及时清理后再照灯。

3. 第一层定位色胶用压刷手法涂抹，刷头上胶量较少，第二层效果色胶用拖刷手法涂抹，刷头上胶量稍多。

4. 清洗封层照灯后需用清洁液擦拭甲面浮胶，免洗封层照灯后切记立刻用手指触摸指甲表面，需冷却 20 s，以防手指的温热使甲面雾化导致甲面封层失去亮度。